UNGARISCHE BIBLIOTHEK
Für das Ungarische Institut an der Universität Berlin
herausgegeben von ROBERT GRAGGER
Erste Reihe

8.

Die Deutschen in Ungarn
bis zum 12. Jahrhundert

von

Konrad Schünemann

1923
Walter de Gruyter & Co.
vormals G. J. Göschen'sche Verlagshandlung — J. Guttentag, Verlagsbuchhandlung — Georg Reimer — Karl J. Trübner — Veit & Comp.
Berlin und Leipzig

Inhaltsübersicht.

Verzeichnis einiger nicht ohne weiteres verständlicher Abkürzungen.

AA. = *Annales Altahenses (maiores)*. Schulausg. [2], Hannover, 1891.

AA. HH. = *Alberti Aquensis historia Hierosolymitana*, MIGNE, *Patrologia Latina* tom. 166.

A m. n. t. = *A magyar nemzet története*, Millenniumsausgabe.

A. K. ö. G = Archiv für die Kunde österreichischer Geschichtsquellen.

B. K. st. G. = Beiträge zur Kunde steiermärkischer Geschichtsquellen.

Bl. V. Lk. N.-Öst. = Blätter des Vereins für Landeskunde von Niederösterreich.

B.-M. = BÖHMER-MÜHLBACHER, *Regesta Imperii*, 2. Aufl.

Büdinger, B. u. G. = Ein Buch ungarischer Geschichte, Lpzg. 1866.

Büdinger, G. Ö. = Geschichte Österreichs. Lpzg. 1858.

CBC. = *Conversio Bagoariorum et Carantanorum*, MG., SS. XI, p. 1 ff.

Endl. = ENDLICHER, *Rerum Hungaricarum monumenta Arpadiana*, St. Gallen, 1849.

Fejér, C. D. C. = *Codex diplomaticus Hungariae*.

Flor. = FLORIANUS M(átyás), *Historiae Hungaricae fontes domestici*.

Giesebrecht, GDKz. = Geschichte der deutschen Kaiserzeit.

H. A. = *Herimanni Augiensis chronicon*, MG., SS. V.

Huber, G. Ö. = Geschichte Österreichs, Gotha seit 1885.

Kaindl, Beitr. = Beiträge zur älteren ungarischen Geschichte, Wien, 1893.

Kaindl, GDKl. = Geschichte der Deutschen in den Karpathenländern.

M. B. = *Monumenta Boica*.

M. h. V. St. = Mitteilungen des historischen Vereins für Steiermark.

M. H. H. = *Monumenta Hungariae Historica*.

Sch. = *editio in usum scholarum*.

S. U. = Salzburger Urkundenbuch, Salzburg, 1916—1918.

Száz. = *Századok* (Jahrhunderte), *A történeti társulat közlönye*.

Tört. Sz. = *Történeti Szemle* (Historische Rundschau).

Z. V. St. = Zeitschrift des historischen Vereins für Steiermark.

Die Ausdehnung einer Nationalität auf neue Gebiete kann sich in zwei grundverschiedenen Formen vollziehen, je nachdem das sich ausbreitende Volk die politische Herrschaft über das fremde Land besitzt oder nicht. Im ersten Falle wird die Ausbreitung, sofern es sich um bewohnte Gebiete handelt, stets einen mehr oder weniger gewaltsamen Charakter tragen, da die Initiative der Kolonisation dem fremden Volke als dem herrschenden zufällt. Das war im Altertum der Fall bei der Romanisierung Italiens, Spaniens und Frankreichs, im Mittelalter bei der Ausbreitung der Araber über Vorderasien und Afrika und der Russen in den Norden und Osten des heute von ihnen bewohnten Gebietes und in der Neuzeit schließlich bei der gewaltigen Ausdehnung des angelsächsischen Volkstums. Im anderen Falle aber geht die Anregung von der einheimischen Bevölkerung aus, oder richtiger von dem Staate, in dem diese zusammengefaßt ist, der aus militärischen, wirtschaftlichen oder kulturellen Gründen Ausländer ins Land ruft und sich hierbei eine in seiner Nachbarschaft vorhandene Neigung zum Auswandern nutzbar macht. Diese Erscheinung tritt uns unter anderem entgegen bei der Aufnahme der Germanen als Söldner oder Ackerbauer in das Römische Reich, oder auch bei dem Heranziehen von türkischen Söldnern durch die Araber. Auf diese Weise fast durchweg vollzog sich auch die Ausbreitung der Deutschen nach Osten: Von den einheimischen Fürsten wurden sie nach Mecklenburg, Pommern, Schlesien und anfangs auch nach Brandenburg gerufen; in Böhmen, Polen und Ungarn wiederholte sich derselbe Vorgang, nur daß sich hier die deutschen Ansiedlungen, auf die das heutige Deutschtum dieser Gebiete zurückgeht, auf kleinere oder größere Inseln inmitten der fremden Nationalität haben beschränken müssen. Sie sind in der Hauptsache ein Werk des ausgehenden Mittelalters seit dem Ende des 12. Jh. In Ungarn kommt daneben die Ansiedlungstätigkeit seit dem Zurückdrängen der Türken in Betracht. Die geistig am höchsten stehenden und geschichtlich bedeutendsten Vertreter des ungarischen Deutschtums, die Siebenbürger und Zipser Sachsen, die Deutschen Oberungarns und die im Laufe des letzten Jahrhunderts größtenteils im Ungartum aufgegangenen deutschen Stadtbürger verdanken aber auch hier ihren Ursprung dem 12. bis 14. Jahrhundert.

Dieser Epoche der großzügigen, mit Geisa II. anhebenden Kolonisationstätigkeit geht nun eine andere voraus, in der gleichfalls zahlreiche Angehörige der abendländischen Nationen, in erster Linie Deutsche, den Weg nach Ungarn fanden und hier als „Gäste“ eine bedeutende kulturelle Wirkung ausübten. Diese Gäste, die meist nicht in geschlossenen Zügen, sondern sporadisch nach Ungarn kamen und hier miteinander noch keinerlei politische Einheiten innerhalb des ungarischen Staates bildeten, wie später die sächsische Nation oder die Bürger der Städte, haben in der Regel ihr Volkstum schnell verloren, falls nicht besondere Gründe dessen Bewahrung bewirkten. Letzteres ist besonders der Fall bei der im äußersten Westen des Landes wohnenden deutschen Bevölkerung, die in ihrem Kern noch auf die deutsche Besiedlung der Karolingerzeit zurückgehen dürfte. Die Geschichte dieser Gäste des früheren Mittelalters einschließlich der Ansiedlungstätigkeit der Karolingerzeit zu verfolgen, ist die Aufgabe, die sich die gegenwärtige Arbeit stellt.

I. Die deutsche Kolonisation der Karolingerzeit in Pannonien.

Die deutsche Kolonisation der Karolingerzeit beschränkte sich auf das Land zwischen Donau, Alpen und Save, die frühere römische Provinz Pannonien. Nach der Niederwerfung der Awaren durch Karl den Großen strömten hier sowohl Slawen ins Land, wie auch Deutsche aus dem benachbarten Bayern.[1]) Es muß hervorgehoben werden, daß schon diese erste Periode der deutschen Einwanderung nach Ungarn im wesentlichen denselben Charakter trägt, wie die späteren. Denn auch damals handelte es sich zum großen Teil um Land, das nicht unmittelbar unter deutscher Herrschaft stand, sondern in welchem die Deutschen die „Gäste“ fremder Fürsten waren.

Die Kolonisationstätigkeit des Priwina.

Zwar übernahm ein deutscher Markgraf die Oberleitung des ganzen den Awaren abgenommenen Gebiets bis zur Drau[2]) — das Land zwischen Sau und Drau, das unter einem slawischen Fürsten zunächst zur Mark Friaul gehörte, kommt in diesem Zusammenhang für uns nicht in Betracht —; aber unter ihm und seinen Nachfolgern herrschten in Nordkärnten und im Land zwischen Raab und Drau zunächst slawische

---

[1]) In der *Conversio Bagoariorum et Carantanorum* (*CBC.*), einer Schrift, die im Jahre 871 in Salzburg verfaßt wurde, um das Recht des Salzburger Erzbischofs auf das Land zwischen Raab und Drau gegen Methodius und dessen Schüler nachzuweisen, heißt es (*MG.*, *SS.* XI, p. 11, 15): . . . . . coeperunt populi sive Sclavi vel Bagoarii inhabitare terram, unde illi expulsi sunt Hunni, et multiplicari.

[2]) *CBC.*, *SS.* XI, p. 11, 13.

Fürsten.[1]) In Kärnten folgten ihnen zwar bald deutsche Grafen[2]), in Pannonien aber blieb die slawische Herrschaft unter fränkischer Oberhoheit noch lange bestehen, möglicherweise zu Ende der 20er Jahre vorübergehend durch eine bulgarische ersetzt.[3]) In den 40er Jahren erhielt dann der von Moimir aus Neutra vertriebene Slawenfürst PRIWINA nach wechselvollem Flüchtlingsleben das Land zwischen Raab und Drau zu Lehen und einige Jahre später als Eigentum, aber selbstverständlich unter Aufrechterhaltung der fränkischen Oberherrschaft.[4])

---

[1]) *CBC.*, p. 11,15 Vgl. Exkurs I, S. 135 f.

[2]) *CBC.*, p. 11,18.

[3]) *Ann. regni Francorum* ad a. 827, MG., Sch., Hann. 1895, p. 173,27: Bulgari quoque Sclavos in Pannonia sedentes misso per Dravum navali exercitu ferro et igni vastaverunt et expulsis eorum ducibus Bulgarios super eos rectores constituerunt. Da auf jeder Seite der Drau nur je ein Fürst herrschte und hier der Plural steht (ducibus), werden *beide* Fürstentümer gemeint sein. Dazu p. 175,17 derselben Quelle. Vgl. unten, Exkurs I, S. 135 f.

[4]) *CBC.* p. 12,4, praestavit rex Priwinae aliquam inferioris Pannoniae in beneficium partem circa fluvium, qui dicitur Sala; vgl. dazu ebendort, p. 13,4. Betreffs der falsch berechneten Angabe des Inkarnationsjahres siehe BÖHMER-MÜHLBACHER, *Reg. Imp.* 2. Aufl. p. 583 d, unter dem 12. 10. 847.—

Da zu Priwinas Gebiet auch Pettau und Fünfkirchen gehören und sein Sohn CHEZIL (Kozel) später eine Schenkung an der Raab macht, wird er das ganze Salzburger Diözesangebiet zwischen Raab und Drau besessen haben. Hierfür spricht auch, daß der Verfasser der *CBC.*, p. 9,18 dies Salzburger Gebiet mit ganz ähnlichen Worten bezeichnet: Partem Pannoniae circa lacum Pelissa inferioris =„Teil Unterpannoniens um den Plattensee." Der Ausdruck *partem*, an dem sich KÄMMEL (*Anfänge des deutschen Lebens in der Ostmark*, Leipzig 1879, S. 218 Anm. 2) stößt, erklärt sich dadurch, daß ja auch das Land zwischen Sau und Drau, vielleicht sogar das ganze Gebiet jenseits der Alpen, von unserer Quelle zum „unteren Pannonien" gerechnet wird. Vgl. unten, Exkurs I, S. 134. Die von Kämmel a. a. O. genannte bayrische Grafschaft lag nördlich der Raab um Steinamanger und an der Pinka und Güns. Vgl. unten S. 12 ff. VANCSA (*Gesch. Nieder- und Oberösterreichs* I, Gotha 1905, S. 174) denkt ohne Grund an eine spätere Erweiterung von Priwinas angeblich nur unmittelbar am Plattensee gelegenen Gebiet. PIRCHEGGER (*Karantanien und Unterpannonien zur Karolingerzeit, MJöG.* 1912 S. 283—289) läßt nach langen Erörterungen schließlich doch die Frage offen. ERNST DÜMMLER (*Über die südöstl. Marken des Fränkischen Reiches, MJöG.* 10, S. 34) und A. HUBER (*Gesch. Österreichs* I, Gotha 1885, S. 96) halten es wenigstens für möglich, daß Priwinas Fürstentum „ganz Unterpannonien nördlich der Drau" umfaßt habe Die auf ungenügender Quellenkenntnis aufgebauten Ausführungen FRANZ SALAMONS (*Mosaburg és megyéje*, Száz. 1882, S. 89—122), der Priwinas Gebiet vom ungarischen Boden hinwegzuinterpretieren versucht, sind ganz unannehmbar. Dasselbe gilt für die dilettantischen Bemerkungen des an ihn anknüpfenden JOSEF STESSEL (*Zalavár és Pécs Privina tartományában*, Száz. 1902, S. 832—39).

Die oben angeführten Worte der *CBC.*: concessit illi in proprium, quod prius habuit in beneficium dürfen nicht, wie das vielfach geschehen ist, so noch von KAINDL, (GDKl. II, Gotha 1912, S. 6),in dem Sinne interpretiert werden, als habe Ludwig Priwinas Gebiet die völlige Unabhängigkeit gewährt. Die Abhängigkeit vom Frankenreiche blieb natürlich bestehen und zugleich wohl auch

Das Land war damals nur von wenigen Slawen und Resten der Awaren [1]) ganz dünn bevölkert. Die Awaren des ganzen Landes konnten schon im Jahre 805 in ein kleines Gebiet in der Nähe des späteren Neusiedler Sees verpflanzt werden [2]), und Einhard spricht in seiner nicht allzulange vor der Belehnung Priwinas abgefaßten Lebensbeschreibung Karls des Großen von einem „Pannonien, das jeglichen Bewohners entbehrt." [3]) Deshalb begann Priwina, von allen Seiten Leute zusammenzuscharen [4]), um die wüste Gegend zu besiedeln und Burgen und Kirchen zu bauen.

Daß nun diese Bevölkerung, die Priwina in sein Land berief, größtenteils nicht slawisch, sondern deutsch war, zeigen die Namen der Orte, an denen die Kirchen gebaut wurden: Als eignen Sitz ließ er eine Festung in einem Sumpf der Sala, also dicht vor ihrer Einmündung in den Plattensee, erbauen, die bald darauf den Namen *Moosburg* erhielt und wahrscheinlich in der Gegend des heutigen Zalavár lag. [5]) An diese Burg muß sich bald ein größerer Ort angeschlossen haben; denn einige Jahre später ließ Priwina hier drei Kirchen erbauen: die Marien-, Hadrian- und Johanneskirche, und zu diesem Zweck deutsche Handwerker und Künstler aus Salzburg kommen. [6]) Auch sonst nennt die Salzburger Schrift in seinem Gebiet viele neubegründete Kirchen, die den Mittelpunkt deutscher Ansiedlungen bildeten: in *Stepiliperc*, *Lindolfeschirichun*, Fünfkirchen (*ad Quinque Basilicas*), *Otachareschirichun*, *Waldhereschirichun*, *Paldmundeschirichun* und *Keisi* (Kensi).

---

diejenige vom pannonischen Markgrafen. Auch in der Salzburger Urkunde vom Jahre 863 (S. U. II, S. 40) heißt es: . . . *tradimus ibi istas curtes in proprium, quae antea ibi in beneficium fuerunt*, ohne daß darum diese Höfe politisch unabhängig geworden wären. Das Abhängigkeitsverhältnis Priwinas geht zudem deutlich aus der *narratio* der Urkunde B.—M. Nr. 1442, S. 610—11 hervor, in der es heißt, daß „*fidelis dux noster Briwinus*" persönlich zu Ludwig dem Deutschen gekommen sei, um eine Schenkung an das Kloster Niederaltaich von diesem bestätigen zu lassen.

[1]) *CBC.*, p. 9,21: populum, qui remansit de Hunnis et Sclavis. In den wiederholten Aufständen und inneren Kämpfen der nächsten Jahre und den Kriegen gegen Liudewit und die Bulgaren wurde die Bevölkerung weiter vermindert.

[2]) *Ann. regni Fr.*, p. 119: inter Sabariam et Carnuntum.

[3]) *V. Kar. M.*, Sch. [6], 1911, p. 16,4.

[4]) *CBC.*, p. 12.

[5]) *CBC.*, p. 12,5. Dazu a.a.O. p. 14,5: in castro Chezilonis noviter Mosapurc vocato. Wattenbach leitet in einer Anmerkung zu dieser Stelle nach Kopitar auch den Namen des Flusses *Sala* aus dem Deutschen ab (=Sumpf). Dem steht entgegen, auch abgesehen davon, daß fast der ganze Lauf des Flusses außer dem Mündungsgebiet keinen sumpfartigen Charakter trägt, daß sich schon im Altertum an seinem Oberlauf eine Stadt namens *Sala* (auch *Salla*, *Salle*), und zwar keineswegs in sumpfiger Gegend, nachweisen läßt: *CIL.* III p. 525; *Ptolemäus* II, 14; *Itin. Ant.* 265,5; *CIL.* III Nr. 4321. Es ist daher eher mit Holder (*Altkeltischer Sprachschatz* II, S. 1297 *s. v. Sala*) keltische Herkunft des Namens anzunehmen.

[6]) *CBC.*, p. 12,28 und ebendort, Z. 9.

Demgegenüber werden nur drei Orte mit slawischem Namen genannt: *Dudleipa*, an der alten ungarisch-steirischen Grenze bei Radkersburg, *Ussitin* und *Businiza*, außerdem noch der aus dem Altertum erhaltene Name *Bettowia* für Pettau (*Poetovio*).[1]) Beim Vergleich deutscher und slawischer Ortsnamen muß man zudem berücksichtigen, daß die Deutschen vorgefundene Ortsnamen übernehmen, die Slawen dagegen meist eigene an die Stelle der alten setzen. Es ist daher wohl möglich, daß auch hier gelegentlich Deutsche sich in älteren slawischen Niederlassungen ansiedelten und den slawischen Ortsnamen beibehielten.

Identifizierungen der angeführten Namen mit modernen Orten sind außer bei Fünfkirchen (*ad Quinque basilicas*)[2]) und Pettau nicht möglich. Die bisher in diesem Sinne vorgenommenen Versuche müssen als gescheitert angesehen werden. Die Gleichsetzung: *Lindolfeschirichun* = Unterlimbach (Alsó-Lendva, Komitat Zala) ist falsch. Denn während *Lindolf* ein Personenname ist, verdanken Ober- und Unterlimbach ihren Namen dem *Limbach* (Lindenbach), an welchem oder in dessen Nähe sie liegen. Der ungarische Name ist offenbar eine teilweise Übersetzung des deutschen, da die Silbe *-va*, wie HUNFALVY nachwies[3]), wie im Syrjänischen, so auch in alten ungarischen Ortsnamen „*-bach*" bedeutet. — Unter dem *Keisi* dürfte kaum das heutige Güns zu verstehen sein; denn dies erscheint (wahrscheinlich) bereits im Jahre 802 unter dem Namen *castellum Guntionis*.[4]) Auch später bewahrt der Ort, wie auch der gleichnamige, ursprünglich *Sabaria* (*Sevira*) genannte Bach, stets den *u*-Vokal. Vor allem aber lag Güns außerhalb des Fürstentums Priwinas sowie der den Verfasser allein interessierenden Salzburger Diözese.[5]) Es mag daher einen besonderen Ort Keisi oder Kensi (so in der Urkunde für Salzburg vom Jahre 860[6])) im Gebiet Priwinas gegeben haben, was bei der Häufigkeit dieses Ortsnamens[7]) nicht unwahrscheinlich ist.

Auch in Urkunden jener Zeit finden wir in Priwinas Gebiet vorwiegend deutsche Orte. Zugleich tritt auch hier deutlich hervor, in welchem Maße Priwina die deutsche Geistlichkeit begünstigte. So

---

1) *CBC.*, p. 12, 33.

2) Über die sprachlich und sachlich ganz unmöglichen Ausführungen SALAMONS [*Mosaburg és megyéje*, Száz. 1882, S. 90 ff.], der „*ad Quinque basilicas*" nicht als Eigennamen fassen will, sondern wörtlich übersetzt und auf das Folgende bezieht, ist man mit Recht zur Tagesordnung übergegangen.

3) In einer Rezension von PESTYS Werk *Magyarország helynevei* (Die Ortsnamen Ungarns), Száz. 1888, S. 457.

4) *Ann. S. Emmerammi Ratisp. maiores, SS.* I, p. 93. Dazu ABEL-SIMSON, *Jahrbb. d. Fr. R. u. Karl d. Gr.*, Leipzig 1888, S. 284.

5) Vgl. unten Exkurs I, S. 137. 6) *S. U.* S. 40: ecclesia ad Kensi.

7) FÖRSTEMANN, *A. Nb.* II, 2, S. 632.

schenkte er im Jahre 860 dem Kloster Niederaltaich seine Besitzungen zu *Salapiugiti* (sonst *Salapiug(in)* genannt[1]), nachdem er hier schon im Jahre 853 eine Rudbertikirche an Salzburg übergeben hatte. Der Ort wird seinen Namen nach einer Biegung des Zalaflusses erhalten haben, ohne daß er darum an der Stelle des heutigen Zalabér gelegen zu haben braucht.[2]) In derselben Urkunde werden die ebenfalls in jener Gegend zu suchenden deutschen Ortsnamen *Waltungesbach, Hrabagiskeit* und *Chirichstettin* genannt.[3])

Am Plattensee führte ein Bach und Ort den Namen *Quartinaha* (= Schwarzach). Hier lag eine reich ausgestattete Kirche, die 879 von ihrem Besitzer, dem Diakon Gundbato, an das Kloster St. Emmeram in Regensburg übergeben wurde. Gundbato erhielt dafür zwei Regensburger Besitzungen an der Raab, die einst Priwinas Sohn Chezil an St. Emmeram geschenkt hatte.[4]) Ebenfalls am Plattensee lag *Wampaldsdorf*, das Chezil noch zu Lebzeiten seines Vaters an Freising übertrug.[5]) Vielleicht an der Raab lagen *Reginwartesdorf* und *Rosdorf*, die Chezil an St. Emmeram schenkte und die jedenfalls mit den beiden oben erwähnten im Jahre 879 auf Lebenszeit an jenen Diakon Gundbato übertragenen Besitzungen an der Raab identisch sind.[6])

Noch zahlreiche andere deutsche Orte mag es in Priwinas Land gegeben haben, die in den erhaltenen Urkunden nicht genannt sind.[7]) Bei den genannten jedenfalls übertrifft ebenso wie in der *Conversio Car. et Bag.* die Zahl der Orte mit deutschen Namen die der slawischen beträchtlich. — Man hat gegen die Angaben der Salzburger Schrift geltend zu machen gesucht, daß sie als Tendenzschrift absichtlich die deutschen Ortsnamen vor den slawischen bevorzugt; aber dieser Einwand muß als unberechtigt zurückgewiesen werden; denn die Tendenz der Schrift ist keine nationale, sondern eine kirchliche, und Orte mit slawischen Namen, an denen von Salzburg aus Kirchen

---

[1]) Vgl. *CBC.*, p. 12, 27. [2]) Vgl. unten S. 26.

[3]) *B.—M.*², S. 610, vom 20. Februar 860 = *M. B.* XI, p. 119: dedit itaque Briwina fidelis dux noster . . . . in suo ducatu quicquid habuit ad Salapiugiti infra terminos istos: in orientem usque ad Waltungesbach et sic usque in Hrabagiskeit et ad Chirichstettin.

[4]) *Cod. dipl. et epistolaris Moraviae* I, Olmütz 1836, S. 38: ad Quartinaha iuxta Bilissaseo.

[5]) *Cod. dipl. et. ep. regni Bohemiae,* ed. G. Friedrich, Prag 1904—1907, I, p. 6: declarandum est commorantibus cunctis, quod quidam comes de Sclavis nomine Chezul omnem rem, quam habuit prope Pilozsvve(?) in villa, quae dicitur Wampaldi . . . tradidit . . . ad Frisingas.

[6]) *Cod. dipl. et ep. Moraviae* I, p. 33: in villa nuncupante Reginvartesdorf et in Rosdorf. Vgl. hierzu Pirchegger, *MIöG.* 1912, S. 284.

[7]) Die *CBC.* sagt nach Aufzählung der von Liupram geweihten Kirchen p. 12, 36: ceterisque locis, ubi Priwina et sui voluerunt populi.

gebaut wurden, kamen ihr ebensosehr zustatten, wie deutsche. — Da auch die Slawen zum größten Teil erst als Kolonisten in das menschenleere Land kamen [1]), war die Lage für die Deutschen hier noch günstiger als in der benachbarten Steiermark und in Kärnten, wo die Karantanen schon seit Jahrhunderten saßen. Bei der Überlegenheit der deutschen Kultur und der geringen nationalen Widerstandsfähigkeit der alten Slowenen konnte man in kurzer Zeit die völlige Germanisierung des Landes erwarten.

Die deutsche Kolonisation in Priwinas Fürstentum ist dabei in erster Linie ein Werk der Geistlichkeit, an die sich Priwina zur Herbeischaffung deutscher Kolonisten gewandt haben wird, wie er den Erzbischof von Salzburg zur Übersendung von deutschen Handwerkern veranlaßte. Die Tätigkeit des Adels und der großen weltlichen Grundbesitzer tritt hier ganz in den Hintergrund; wenigstens erfahren wir in unsern Quellen fast nichts davon. Denn die Namen der 17 Deutschen, die bei Gelegenheit der Weihung der Marienkirche in Moosburg und des im Anschluß daran zwischen Priwina und Erzbischof Liupram geschlossenen Vertrages genannt werden [2]), können nicht als Zeugnis für die dauernde Anwesenheit deutscher Adliger an Priwinas Hof herangezogen werden, wenn dies auch bisher allgemein geschehen ist. [3]) Da nämlich in unserer Quelle die Reihen der deutschen und der slawischen Zeugen unvermischt nebeneinander stehen, wird es sich um das Gefolge der beiden Vertragschließenden handeln. Die 17 Deutschen wären demnach die Begleiter des Erzbischofs Liupram, die mit ihm von Salzburg nach Pannonien gekommen waren.

Ebensowenig dürfen drei Deutsche, von denen wir wissen, daß sie in Priwinas Gebiet ein Stück Land zu Lehen hatten, als „deutsche Herren" bezeichnet werden. [4]) Der eine von ihnen, Froperth, hatte an der Sala eine jedenfalls ganz unbedeutende Besitzung von der oben genannten Kirche zu Quartinaha zu Lehen. Als Gundbato diese Kirche gegen die beiden Regensburger Besitzungen eintauschte, kam mit der Kirche auch Froperth oder sein Nachfolger unter die Regensburger Herrschaft. [5]) Ähnlich liegen die Verhältnisse bei Reginger, der

---

[1]) *CBC.*, p. 11, 15. [2]) *CBC.*, p. 12, 11.

[3]) So bei Kämmel, *Anfänge* . . ., S. 276; bei Alfred Melzer, *Die Ansiedlung der Deutschen in Südwestungarn*, Progr. d. Staatsgymn. zu Pola, 1904, S. 8—9 und bei Kaindl, GDKl. II, S. 120.

[4]) So Melzer a. a. O. S. 6: „Während um den Plattensee die deutschen Herren Fropercht an der Sala, Reginger am Gnasbach im Gau Dudleipa, Engildeo in Quartinaha sich ansiedelten (!)".

[5]) *Cod. d. et ep. Moraviae* I, p. 38: tradita est autem praedicta proprietas . . cum omnibus pertinentibus et adiacentiis suis . . . . locis illis (für illuc?) traditis, id est ad fluvium Salam, quod Froperth iam olim (= schon lange) in beneficium

im *Ruginesfeld* in der Grafschaft Dudleipa eine Besitzung zu Lehen hatte. Wie klein diese gewesen sein mag, kann man daraus ersehen, daß zwei in der Urkunde kurz vorher aufgeführte Besitzungen je eine Hufe groß waren, und daß auf demselben Ruginesfeld noch eine andere Besitzung Salzburgs lag, die einst Chezil gehört hatte.[1]) ENGILDEO endlich hatte ein Stück Land von der Kirche Ermperchts zu Lehen, welches Chezil noch zu Lebzeiten seines Vaters an diese übertragen hatte.[2])

Ist so von einem Anteil deutscher Großgrundbesitzer an der Besiedlung des Landes wenig zu merken, so war dafür das Arbeitsfeld der Geistlichkeit, die damals in deutschen Händen lag, um so größer. Wie aus den angeführten Urkunden hervorgeht, waren die einzelnen Kirchen reich mit Grund und Boden ausgestattet. Oft war der Priester selbst der Besitzer der Kirche mitsamt den dazugehörigen Ländereien und konnte frei darüber verfügen und Erben einsetzen.[3]) Es gab aber auch Kirchen, die einem geistlichen oder weltlichen Grundherrn gehörten. So übertrug im Jahre 855 Priwina eine Kirche des heiligen Rodpertus zu Salapiugen an das Erzbistum Salzburg. Unter der Herrschaft seines Sohnes Chezil hören wir dann von der Weihung weiterer Eigenkirchen, die in Abhängigkeit von ihrem Stifter, dem Fürsten des Landes, blieben. Andere, vorher selbständige Kirchen mögen, wie die des Diakon Gundbato, durch Tausch oder Schenkung in den Besitz bayrischer Bistümer und Klöster gekommen sein.

Priwina hatte im Jahre 850 feierlich die kirchliche Abhängigkeit seines Fürstentums von Salzburg dadurch anerkannt, daß er seinen

---

habuit, . . . econtra . . . Gundpertus . . . tradidit de rebus s. Emmerammi . . . Gundbatoni venerabili diacono, quod Chezil dux iam quondam . . . ad praedictum sanctum condonavit iuxta amnem, qui dicitur Raba; ea scilicet ratione, quatenus idem Gundbato ambas res illas . . . possideat usque ad obitum suum.

[1]) In der zweiten Fassung der Urkunde König Arnulfs für Salzburg vom 9. März 891, S. U. II, S. 66: in comitatu Dudleipa vocato in l o c o R u g i n e s f e l d, s i c u t Chozil dux quondam inibi ad opus suum habere visus est e t v e l u t i Reginger in eodem comitatu iuxta aquam, quae dicitur Knesaha (Gnasbach) in beneficium habebat. Das „*Ruginesfeld*" muß zum ganzen Satze gehören.

[2]) *CBC.*, p. 12, 22. „Chezil übertrug an die (neugegründete) Kirche Ermperchts . . . (soviel Land) wie (von jenem Zeitpunkte an) Engildeo usw. dort in Besitz hatten."

[3]) *CBC.*, p. 12, 22: Die oben genannte *ecclesia Ermperhti presbyteri* und ihre Besitzungen; *Cod. d. et ep, Moraviae* I, p. 38: Die ebenfalls schon wiederholt genannte Johanneskirche des Diakon GUNDBATO zu Quartinaha. *CBC.*, p. 12, 20: Die Kirche des Priesters SANDRAD: ecclesiam Sandradi presbyteri, ad quam Chezil territorium et silvam ac prata . . . tradidit, und die zahlreichen Kirchen, die, wie *Lindolfeschirichun* usw., ihren Namen nach ihrem Priester und Eigentümer erhalten haben werden.

eigenen Priester DOMINICUS unter die Gewalt Liuprams stellte.[1]) Nach dem Tode des Dominicus wurde vom Salzburger Erzbischof an seine Stelle mit Diakonen und Klerikern SWARNAGAL nach Pannonien entsandt.[2]) Auf dessen Nachfolger ALTFRIED übertrug dann Erzbischof Adalwin die kirchliche Verwaltung des ganzen Gebiets unter dem Titel eines *Archipresbyters*. Auf ihn folgte ebenfalls ein von Salzburg eingesetzter Deutscher namens RICHPALD, dessen Tätigkeit bereits zum Teil in die Zeit der Kämpfe mit Methodius fällt.[3])

Chezil und das Auftreten des Methodius.

Nach dem Tode Priwinas führte sein Sohn CHEZIL zunächst das Kolonisationswerk seines Vaters fort. Das zeigen seine reichen Schenkungen an deutsche Bistümer und Klöster und die Fortsetzung des Kirchenbaus. Zu Weihnachten 864 hielt Erzbischof Adalwin selbst in der Moosburg Gottesdienst ab. Im Anschluß an diesen Besuch weihte er auf dem Grund und Boden WITTIMARS, wohl des einzigen deutschen Grundherrn, von dem wir in diesem Gebiet hören, eine Stephanskirche, ferner auf Chezils eigener Besitzung an der *Ortach* eine Michaeliskirche, in *Weride* eine Margaretenkirche, in *Ternperch* eine Laurentiuskirche und eine Kirche zu *Fizkere*. Bei einem zweiten Besuche weihte er in *Cella* eine Peterskirche, ferner die schon mehrfach erwähnte Johanneskirche zu *Quartinacha* und Kirchen in *Muzzilicheschirichun* und *Ablanza* und besetzte selbst alle diese Kirchen mit Priestern.[4])

Eine Lokalisierung dieser Orte im einzelnen ist, abgesehen vielleicht von *Mosapurc* = Zalavár[5]), nicht möglich. VANCSA[6]) verlegt ohne hinreichenden Grund drei dieser Orte in die Püttener Gegend: Die Gleichsetzungen *Weride* = Werth, *Fizkere* = Fischau sind nämlich durchaus willkürlich, da ähnlich klingende Ortsnamen in jener Gegend noch mehrfach zu finden sind. Dasselbe gilt für die Gleichsetzung *Ternperch* = Thernberg (Ternitz) bei der großen Anzahl ähnlicher Ortsnamen in allen ehemals slawischen Gebieten (Sternberg).[7]) Alle diese Lokalisierungen verbieten sich schon dadurch, daß sie außerhalb der alten Salzburger Diözese und des Fürstentums Chezils fallen. Aus dem gleichen Grunde ist Förstemanns Gleichsetzung: *Spizzun* = Spitz im Bezirk Krems in Niederösterreich, falsch.[8])

---

1) *CBC.*, p. 12,17.

2) *CBC.*, p. 12,20. *Swarnagal* ist nach FÖRSTEMANN, *A. N.* I², S. 1378, ein deutscher Name.

3) *CBC.*, a. a. O.

4) *CBC.*, p. 14, 16–22.

5) Vgl. unten S. 26.

6) *Gesch. Ob.- u. N.-Österr.* I, S. 153.

7) Vielleicht germanisiert aus *strm breg* = steiler Berg. Vgl. Z.V.St. 1908, S. 104.

8) A. N. II. 2, S. 841.

In den folgenden Jahren schien dann aber eine Zeitlang zugleich mit der geistlichen Herrschaft der Deutschen auch der Fortgang ihrer Kolonisation im Lande jenseits der Raab ernstlich bedroht. Denn im Jahre 867 erschienen die sogenannten Slawenapostel METHODIUS und KONSTANTIN am Hofe Chezils und verstanden es, ihn ihren Plänen, die auf Gründung einer von Deutschland unabhängigen slawischen Kirche hinausgingen, so geneigt zu machen, daß er bald darauf eine Gesandtschaft an den Papst Hadrian II. schickte, mit der Bitte, ihm den Methodius für sein Land zu überlassen.[1]) Der Papst ging über diese Bitte Chezils noch hinaus und weihte im Jahre 870 — Konstantin war inzwischen gestorben — den Methodius zum pannonischen Erzbischofe.[2]) Es bestand also die Gefahr, daß die bisher ausschließlich deutsche Geistlichkeit des Landes von Griechen und Slawen verdrängt würde.

Doch der Erzbischof von Salzburg, wie auch die andern bayrischen Bischöfe, waren weit entfernt, sich mit dieser Anordnung des Papstes, die ihnen die Früchte jahrzehntelanger Arbeit raubte, zufrieden zu geben: Methodius wurde von einer Synode der bayrischen Bischöfe abgesetzt und $2^1/_2$ Jahre lang in Deutschland gefangen gehalten.[3]) Obgleich er dann auf Befehl des Papstes wieder in sein Amt eingesetzt wurde, blieb seine Tätigkeit auf dem Boden Pannoniens doch nur eine Episode: Schon im Jahre 874 war die Herrschaft Salzburgs in dem von Methodius beanspruchten Teil seiner Diözese wiederhergestellt; denn Erzbischof Thietmar weihte damals eine Kirche in Pettau.[4]) Die Tätigkeit des Methodius blieb von nun an auf Mähren beschränkt. Diese Wiederherstellung der Herrschaft Salzburgs mag damit zusammenhängen, daß ungefähr um diese Zeit Chezil starb und sein Land jetzt unmittelbar der deutschen Herrschaft unterstellt wurde.

Eine Ansicht, der man nicht selten zu begegnen Gelegenheit hat, ist die, daß nach dem Tode Chezils dessen Land in den Besitz der

---

[1]) *Vita Methodii, A. K. ö. G.* XIII, S. 159: Kozel vero ad apostolicum mittens rogavit eum, ut sibi cederet Methodium beatum doctorem nostrum.

[2]) *M. G., Epp.* VII, p. 160,28; ferner p. 223 und *vita Methodii, A. K. ö. G.* S. 160: (Methodium) . . . Kocel . . . iterum misit . . . ad apostolicum . . . ut illum ordinaret episcopum in Pannonia in sedem s. Andronici apostoli . . . Das soll nicht heißen, daß der Ort Sirmium wirklich der Sitz des Methodius werden sollte, wie das einige glauben annehmen zu müssen, sondern nur, daß die neue Diözese als die Fortsetzung der alten sirmischen angesehen werden sollte. Die neuere Literatur über die Slawenapostel s. bei NÄGLE, *Kirchengesch. Böhmens* I, 1, Wien und Leipzig 1915 S. 66 und SCHUBERT, *Gesch. der christl. Kirche im Frühmittelalter,* Tübingen 1921, S. 510—11.

[3]) *Vita Methodii,* a. a. O. S. 161.

[4]) *SS.* XI p. 565,18 und *Mitt. d. Ges. f. Salzburg. Landeskunde* LXI, 1921, *Eine neuaufgefundene Salzburger Geschichtsquelle,* S. 37, ad a. 874. *Ung. Jahrb.* 2, 221.

Mährer gelangt sei. Diese Ansicht, die auch von namhafteren Historikern ausgesprochen ist[1]), geht wahrscheinlich in letzter Linie auf Angaben des Konstantinos Porphyrogennetos zurück, abgesehen von den ungarischen Chroniken, die hier als Quellen natürlich nicht in Betracht kommen können. Konstantin hat aber keine richtige Vorstellung mehr von der geographischen Lage des Mährerreichs, das ja zu seiner Zeit schon seit einem halben Jahrhundert nicht mehr existierte. Er läßt es daher nach seiner Vernichtung von den Ungarn bewohnt werden und im Süden ihres Landes liegen.[2]) Hieraus schloß man dann, daß auch das Fürstentum Priwinas und Chezils später an Mähren gefallen sei. Diese Ansicht steht indessen mit den zeitgenössischen deutschen Geschichtsquellen im schärfsten Widerspruch. Abgesehen davon, daß die obenerwähnte, 874 vom Salzburger Erzbischof geweihte Kirche zu Pettau dem Grafen Gozwin gehörte, geht aus der Darstellung der Kämpfe des Jahres 884 in der Regensburger Fortsetzung der Fuldaer Annalen deutlich hervor, daß Zwentibalds Reich auf das linke Donauufer beschränkt war.[3]) Gegen Ende der 70er Jahre hat Arnulf, der Sohn König Karlmanns, nicht nur die Oberleitung Pannoniens, sondern er übt auch die unmittelbare Herrschaft im ehemaligen Fürstentum Priwinas aus[4]) und behält sie bis zum Jahre 896.[5])

---

[1]) Krones, *Zur Gesch. der nachbarl. Beziehungen Steiermarks und Ungarns, MhVSt.* 40, Graz 1892, S. 232, Anm. 1: „Daß Großmähren nach Kozels Tode dieses slawische Fürstentum teilweise aufsog, unterliegt keinem Zweifel.“ Unbestimmter sagt der ungarische Historiker Marczali (*Die Zeit der Herzöge und die Begründung des ung. Königtums* in *A magyar nemzet története,* Bpest. 1895, I, S. 89): „Das slawische Fürstentum . . . geriet unter den Einfluß, vielleicht die Herrschaft der Mährer.“ Vgl. ferner J. B. Bury: *The treatise De adm. imperio, Byz. Zschr.* 15 (1906), S. 564.

[2]) *De adm. imp.*, p. 173,20 der Bonner Ausgabe von 1859, Bd. III, heißt es, den Donaulauf aufwärts verfolgend, nach Nennung der Trajansbrücke, Belgrads und Sirmiums: *καὶ ἀπὸ τῶν ἐκεῖσε ἡ μεγάλη Μοραβία ἡ ἀβάπτιστος, ... ἧς ἦρχε πρότερον ὁ Σφενδοπλόκος;* ähnlich p. 81,9, das Land Sphendoploks habe im Süden Ungarns gelegen, und öfter. An anderen Stellen scheint er es etwa in die ungarische Tiefebene zu verlegen. Vgl. jetzt besonders: Géza Fehér: *Ungarns Gebietsgrenzen in der Mitte des 10. Jh.*, Ungar. Jahrb. 1922, S. 37—69, der wahrscheinlich macht, daß dem Kaiser die sagenhaften Nachrichten über Moravien durch die Kroaten vermittelt wurden.

[3]) *Ann. Fuld.*, Sch. p. 112.

[4]) Die Übertragung der Johanneskirche zu Chuartinacha am Plattensee an Regensburg im Jahre 879 (*Cod. d. et ep. Moraviae* I, p. 38) geschieht: *domino suo Arnulfo filio regali permittente.* Zugleich wird gesagt, daß Gundbato seine *proprietas* vorher von Arnulf selbst erhalten hatte.

[5]) Zum Jahre 896 heißt es in der Regensburger Fortsetzung der Fuldaer Annalen ausdrücklich: imperator Pannoniam cum urbe Paludarum (d. i. Priwinas

Die deutsche Kolonisation im Lande nordwestlich der Raab.

Einen ganz andern Charakter als in Priwinas und Chezils Fürstentum trägt die deutsche Kolonisation im Lande nördlich davon zwischen Raab und Donau. Von Karl dem Großen war hier im Jahre 805 zwischen Carnuntum und Sabaria ein Teil der Awaren angesiedelt worden[1]), während die andern sich in Kroatien niederließen. Während diese aber sich noch Jahrhunderte hindurch erhielten, so daß noch Kaiser Konstantinos Porphyrogennetos sie kennt[2]), verschwinden jene als zusammenhängender Stamm schon in den 20er Jahren des 9. Jahrhunderts.[3]) Infolgedessen wurde das Land schon früh unmittelbar der deutschen Herrschaft unterstellt.

Es gab hier im Jahre 844 zwei Grafschaften, die unter Ratpod, der zugleich Leiter des ganzen Pannonien war, und Richhari standen. Die Grenze dieser Grafschaften lag in der Nähe des Zöbernbaches, des Oberlaufes der Güns, die im Altertum Sabaria genannt wurde.[4]) In diesem Gebiet waren die Deutschen die unmittelbaren Herren; infolgedessen hat hier neben der Geistlichkeit auch der höhere Adel einen großen Anteil an der Besiedlung des Landes. In den Urkunden freilich überwiegt auch hier bei weitem der Anteil der Geistlichkeit. Man muß aber berücksichtigen, daß aus jener Zeit fast keine anderen Urkunden als eben für Klöster und Bistümer erhalten sind. Wir hören indessen gelegentlich auch in diesen, sowie in den erzählenden Quellen von weltlichen Grundherren unseres Gebietes. Hinzu kommt, daß die deutschen Ortsnamen schon vor der Schenkung an das betreffende Kloster bestehen, also Deutsche dort schon vorher angesiedelt worden sein müssen. Es hat den Anschein, als ob schon Karl der Grosse selbst Maßnahmen für die Kolonisierung des neugewonnenen Gebiets getroffen habe. Denn aus einer Urkunde Ludwigs des Deutschen für Niederaltaich vom Jahre 863 erfahren wir, daß Karl der Große seinen (geistlichen) Untertanen die Erlaubnis gab, zur Vermehrung des Kirchenbesitzes sich in Pannonien Land anzueignen, und daß dies auch an

---

Moosburg) tuendam Brazlavoni duci suo in id tempus (also nur vorübergehend) commendavit.

[1]) *Annales regni Franc.*, p. 119.

[2]) *De adm imp.*, p. 144, 6.

[3]) Zuletzt erwähnt im Jahre 822: *Ann. regni Franc.*, Sch. p. 159: in Pannonia residentium Abarum legationes. Als zinspflichtige Untertanen des Königs gab es Awaren noch um 871. Vgl. *CBC.*, p. 7, 2.

[4]) *S. U.* S. 32: iuxta rivolum, qui vocatur Sevira in marca, ubi Radpoti et Rihhari comitatus confiniunt.

vielen Orten geschehen ist.[1]) Aus der Zeit Karl des Großen selbst ist leider hierüber keine Urkunde auf uns gekommen.

Am Zöbernbach lag der deutsche Ort *Brunnaron*, der für das heutige Lebenbrunn nordwestlich von Güns angesehen wird. Jedenfalls muß er in jener Gegend gelegen haben. Hier hatte vor dem Jahre 844 der Kleriker Ratpero einige Besitzungen von Ludwig dem Deutschen zu Lehen.[2]) Diese Besitztümer gab Ludwig 844 dem Priester Dominikus, vermutlich demselben, der später der leitende Geistliche am Hofe Priwinas wurde, zu freiem Eigen.[3])

Richharis Nachfolger war der Graf Odalrich. In seinem Gebiet, ebenfalls in der Nähe der Grenze der andern Grafschaft, etwa in der Gegend von Mannersdorf, zwischen der Rabnitz und der Güns, erhielt im Jahre 850 das Kloster Mattsee von Ludwig dem Deutschen 20 Mansen. Bei dieser Gelegenheit werden dort die deutschen Namen *Wachreini* (Ortsname) und *Witinesperc* (Bergname) genannt. Ein anderer Berg trug dort den Namen *Uuangariorum marcha*, was vielleicht auf ehemaligen Besitz einer deutschen Markgenossenschaft schließen läßt.[4]) Seit Felicetti[5]) sucht man alle diese Orte in der Nähe von Kirchschlag. Da aber der Ortsname *Savariae vadum* mindestens einen größeren Bach, der nicht ohne weiteres überschritten werden kann, voraussetzt, und andererseits die Flußnamen Spratz und Zöbern ursprünglich nicht nur den Oberlauf, sondern den ganzen Lauf der Flüsse Rabnitz und Güns bezeichnen[6]), wird man weiter flußabwärts gehen müssen.

Im Jahre 864 schenkte Ludwig der Salzburger Kirche 8 Fronhöfe (*mansi, coloniae*) mit je 90 Joch bereits gerodeten Ackerlandes und einer Meile Waldland im Umkreis an der *Lafnitz*, dem alten Grenzfluß zwischen Ungarn und der Steiermark, in einem *Wisitendorf*

---

[1]) *B.-M.*[2] Nr. 1451, S. 615 = *Fejér, CDH*, I, p. 185: .... qualiter domnus avus noster Carolus licentiam tribuit suis fidelibus in augmentatione rerum ecclesiarum dei in Pannonia carpere et possidere hereditatem, quod per licentiam ipsius in multis locis ...... factum esse dinoscitur.

[2]) Anders läßt sich nach dem Sinne der Urkunde der Ausdruck *circumcapiebat* kaum verstehen.

[3]) *S. U.* II, S. 32. Vgl. *B.-M.*[2], S. 579, 20.

[4]) *S. U.* II, S. 37/38: .... in comitatu Odolrici, id est mansos XX in loco, qui dicitur Savariae vadum et inde inter Sprazam et Savariam in summitatem montis et inde per circuitum in aquilonem usque in locum, qui dicitur Uuachreini et inde usque in summum montem, qu. d. Uuangariorum marcha et inde usque in summum montem, qu. d. Uuitinesperc.

[5]) *B. K. st. G.* 9, S. 14.

[6]) Das beweist der Name der Stadt *Sabaria* (Steinamanger) und die gefälschte Urkunde *B.-M.* Nr. 1341 (S. 563/4); vgl. besonders die Schlußbemerkung Mühlbachers.

genannten Orte.[1]) Ebenfalls in der Grafschaft Odalrichs lagen der Ort *Sabaria* (Steinamanger), der wohl nur wegen der ausgedehnten römischen Stadtruinen als „*civitas*" bezeichnet wird, und eine Besitzung *Peinichacha*, die ihren Namen von dem gleichnamigen Pinkabach erhielt. Beide Besitzungen schenkte Ludwig i. J. 860 der Salzburger Kirche, und bestätigt ihr zugleich 24 Höfe, die sie vorher von ihm oder anderen zu Lehen hatte, und die sich über das ganze Land östlich der Enns und Karantanien verteilen, als Eigentum. Soweit sie in unser Gebiet fallen, sind sie nicht zu lokalisieren. Es sind dies: Noch ein weiterer Hof an der Pinka, zwei an der Raab und außerdem noch einer zu *Luminicha* an der Raab.[2]) Die Zugehörigkeit Sabarias zur Grafschaft Odalrichs hat man gewöhnlich in Abrede gestellt, da FELICETTI[3]) glaubte, weil Odalrich, der im Auftrage des Königs die Besitzung abgemessen hatte, „dort ausdrücklich als Sendbote Amt handelte(!), so scheinen das Gebiet von Steinamanger und die Güter an der Pinka nicht zu seiner Grafschaft gehört zu haben". In Wirklichkeit berechtigt die Tatsache, daß Odalrich bei Erwähnung der Abgrenzung durch ihn „*comes noster et missus*" genannt wird, gerade zu dem entgegengesetzten Schluß. Denn um 860 war in Deutschland das Institut der *missi dominici* im Sinne Karls des Großen längst in Verfall geraten. Falls eine dem König zustehende Handlung vorzunehmen war und dieser nicht selbst zugegen sein konnte, so wurde in der Regel der Graf des betreffenden Gebiets als *missus* damit beauftragt.[4]) — Die älteste deutsche Gründung in jener Gegend scheint Güns zu sein; denn schon im Jahre 802 wird dort eine Burg des GUNTIO erwähnt, bei der die Deutschen bei einem Aufstand der Awaren Verluste erlitten.[5]) Hier scheint einmal der Fall vorzuliegen, daß ein Fluß den Namen eines an seinem Ufer gelegenen Ortes annimmt; denn der ursprünglich Sabaria genannte Fluß trägt heute den Namen Güns.

Ähnlich waren die Verhältnisse, die in der nördlichen Grafschaft herrschten. Die Grenze zwischen beiden wird etwa der heutigen Komitatsgrenze von Eisenburg und Ödenburg entsprochen haben. — Im Quellgebiet der Rabnitz, an der alten österreichisch-ungarischen Grenze, erhielt das Kloster Kremsmünster von Ludwig dem Deutschen Besitz, was durch eine Urkunde Karls III. vom Jahre 877 bekräftigt wird. Bei dieser Gelegenheit wird hier der deutsche Ortsname *Bennin-*

---

[1]) *S. U.* II, S. 43.

[2]) *S. U.* II. S. 39/40. Vgl. über diese Urkunde auch Exkurs I, S. 139.

[3]) *B. K. st. G.* 9, S. 14; ebenso PIRCHEGGER, *M.I.ö.G.* 1912, S. 292.

[4]) Vgl. VIKTOR KRAUSE, *Gesch. des Instituts der Missi dominici, M. I. ö. G.* 11, 1890, S. 250 und besonders S. 257.

[5]) *Ann. S. Emmerammi Ratisb. maiores,* SS. I, p. 93,6.

wanc genannt.[1]) Zwischen den Trümmern des alten Scarbantia lag der deutsche Ort *Ödenburg* (*Odinburch*). Hier erhielt am *Nußbach* (die heutige Ikva?) bis zum Fuß der Berge hin im Jahre 859 der Passauer Chorbischof ALBRICH zusammen 10 Mansen als Eigentum. Bei dieser Gelegenheit hören wir zufällig, daß in jener Gegend Allodien eines ALMAGER und WALTILO lagen.[2])

Noch aus dem Jahre 903 haben wir einen Vertrag, den der Chorbischof MADALWIN und der Bischof BURKHARD von Passau miteinander schlossen. Madalwin übergab an Passau außer seinem geistlichen Apparat und seiner aus 56 Büchern bestehenden Bibliothek — darunter der *Aulularia* des Plautus, den *Eklogae* des Vergil und der *vita S. Severini* — und anderen Besitzungen 9 salische Hufen an einem unbekannten Ort *Lilienprunn* in Pannonien, die ihm König Arnulf geschenkt hatte. Dafür erhielt er seine Lehen, darunter auch die jenseits des Wiener Waldes gelegenen zu (an der?) *Nominichha* und *Medelichha* als abgabenfreien Besitz bis zu seinem Tode.[3]) — Wahrscheinlich in dieser Grafschaft lag auch der Ort *Omuntesperch* in Pannonien, wo Arnulf im Jahre 890 eine Unterredung mit dem Mährenfürsten ZWENTIBALD hatte.[4]) Um denselben Ort scheint es sich bei dem schon im Jahre 791 im Awarenlande erwähnten *Omuntesdorf* zu handeln.[5])

Der Norden des Landes östlich der Raab.

Aus dem Norden des Gebiets östlich der Raab sind keine Ortsnamen auf uns gekommen. Die ersten Nachrichten, die sich auf dies Land beziehen, stammen erst aus der Zeit nach Chezils Tode. Jenem Gundbato, der im Jahre 879 zwei Regensburger Besitzungen an der Raab erhielt, wurde zugleich das Recht gegeben, die Hörigen des heiligen Emmeram, die über die Raab geflohen waren, aufzugreifen und in jenen beiden Besitzungen anzusiedeln.[6]) Diese werden daher auf dem Ostufer der Raab gelegen haben.

---

1) *B.-M.*, Nr. 1522, S. 639. Nicht zu verwechseln ist der im 2. Teil der Urkunde genannte Ort *Wachrein* in der Nähe der Donau mit dem gleichnamigen Ort der Urkunde für Mattsee vom Jahre 860. Vgl. oben S. 13.

2) *B.-M.*, Nr. 1440, S. 610 = *M. B.* 31, 1, p. 98/99: cuius petitioni (um Land zwischen Raab und Wiener Wald, inter Raba et Chuomberg) . . . . . assensum praebentes dedimus ei praedictos mansos X ad Nuzpach . . . . . qui coniacent intra alode Almageri et Waltiloni et ad Odinburch usque ad loca, ubi montana incipiunt extolli.

3) *Ub. d. L. o. Enns*, II, S. 49—51.

4) *Ann. Fuld. c. Ratisb.* p. 118.

5) *Mitt. d. Ver. f. Salzburg. Landesk.* LXI, 1921, S. 35, 56: 791. Karolus perrexit in Pannoniam ultra Omuntesdorf.

6) *Cod. d. et ep. Moraviae* I, p. 38/39.

Ebenfalls östlich der Raab hatte ein Abt HITTO (wohl ein Laienabt, welcher der Nutznießung einer Abtei diesen Titel verdankt[1]), 30 Hufen als Eigentum. Diese übertrug er im Jahre 885 an die Abtei Mondsee und damit an Regensburg und erhielt dafür diese ganze Abtei mit allem, was dazugehörte, also auch seine eigenen 30 Hufen, als lebenslänglichen Besitz.[2])

Donauabwärts bis über die Raab hinaus erstreckten sich wahrscheinlich auch die Besitzungen der Söhne ENGELSCHALKS und WILLEHALMS, der Markgrafen der Bayrischen Ostmark im engeren Sinne, die im Jahre 882 von Zwentibald verwüstet wurden.[3]) Das kann man aus folgenden Worten des Annalisten schließen[4]): „Nach der Verletzung des Friedens wurde so lange Zeit hindurch von jenem Jahre (882) an fortgesetzt bis fast zur Mitte des dritten Jahres (884) Pannonien von der Raab nach Osten völlig verwüstet." Im ersten Jahre aber hatte Zwentibald ausschließlich mit den Markgrafensöhnen Krieg, deren Besitz sich also bis über die Raab hinaus erstreckt haben muß. Dümmler[5]) interpretiert unsere Stelle mit den Worten: „Von der Raab bis zum Wienerwald", jedenfalls, indem er *ad orientem* mit „bis zur bayrischen Ostmark im engeren Sinne" übersetzt. Die Stellen, an denen unser Annalist das Wort *oriens* als Landesbezeichnung gebraucht, zeigen jedoch, daß er darunter das ganze, unter deutscher Herrschaft stehende ehemalige Awarengebiet versteht; am deutlichsten p. 114: *Pax in Oriente inter Arnolfo et Zwentibaldo*, wo eine Deutung „Ostmark" im Sinne „Land westlich des Wiener Waldes" ausgeschlossen ist, da Arnulfs Herrschaft damals erst östlich davon begann. An unserer Stelle bedeutet *oriens* einfach die Himmelsrichtung, wie auch der Herausgeber durch kleinen Druck des Anfangsbuchstabens andeutet.[6])

In diesen außerhalb der bayrischen Ostmark gelegenen Gebieten sammelten die Markgrafensöhne vielleicht das Heer, mit dem sie im

---

[1]) Er ist schon 879 Abt. Vgl. *B.-M.*, Nr. 1532 = *Ub. L. o. Enns* II, S. 24.

[2]) *B.-M.*, Nr. 1665 = *Ub. L. o. Enns* II, S. 25. Es scheint mir jedoch nicht sicher, ob Mühlbachers Übersetzung der Worte *in oriente iuxta fluvium, qui vocatur Raba* durch „östlich vom Fluß Raab" richtig ist. Ebenso berechtigt ist die Übersetzung: „Im Ostland am Flusse Raab". Über den Gebrauch des Wortes *oriens* in diesem Sinne siehe unten.

[3]) *Ann. Fuld. c. Ratisb.* p. 111 unten.

[4]) A. a. O. p. 113 oben.

[5]) G. d. Ostfr. R. III², S. 225.

[6]) Wenn der Regensburger Annalist die Ostmark im engeren Sinne bezeichnen will, gebraucht er eine viel umständlichere Ausdrucksweise als *Oriens* p. 110, 10 unten: *terminum regni Baiowariorum in Oriente* (die Mark liegt also im *Oriens* und ist nicht damit identisch); ebenso p. 111, 13 von unten: *terminum Baioariorum.* Vgl. auch die oben Anm. 2 angeführte Urkunde *B.-M.*, Nr. 1655.

Jahre 882 den Aribo aus seiner Markgrafschaft vertrieben.[1]) Schon im nächsten Jahre aber zogen sie sich, von Zwentibald bedrängt und aus Furcht vor dem Kaiser, wieder nach Pannonien zurück und leisteten Arnulf von Kärnten, dem das Land damals unterstand, den Lehnseid.[2]) Als dann Zwentibald nach zwei größeren Raubzügen in das Gebiet östlich der Raab im Sommer 884 noch einmal einen Teil seines Heeres über die Donau schickte, traten diesem die beiden ältesten der Markgrafensöhne, Megingoz und Papo, mit einer rasch zusammengerafften Schar anderer pannonischer Herren — genannt wird der Bruder eines Grafen Berchtold — entgegen, unterlagen und fanden ihren Tod in den Fluten der Raab.[3])

Die wiederholten Plünderungszüge Zwentibalds in das Land östlich der Raab und die reiche Beute, die er dabei machte, lassen auf eine verhältnismäßig gute Besiedlung schließen. So plünderte er zu Beginn des Jahres 884 12 Tage lang mit einem Heere, von dem der Annalist, seinem Stil entsprechend, sagt, es sei so groß gewesen, daß man es an einem Orte von Sonnenaufgang bis zum Abend vorbeimarschieren sehen konnte.[4]) Weiter heißt es, es seien Knechte und Mägde mit ihren Kindern umgebracht und vornehme Herren teils gefangen gehalten, teils getötet, teils verstümmelt zurückgeschickt worden.[5]) Im übrigen wird man trotz der schwülstigen Redensarten des Annalisten[6]), der die Folgen des Vergehens der Knaben und ihrer Ratgeber gegen ihren König möglichst schwarz malen will, den durch diese Plünderungen angerichteten Verwüstungen, bei denen 12 Tage das Höchstmaß der Dauer darstellen, keine allzugroße Bedeutung beimessen dürfen. Denn soviel ich finde, werden sie in keiner andern zeitgenössischen Quelle erwähnt. Gerade um jene Zeit, im Jahre 883 erwarb vielmehr Regensburg die Anwartschaft auf jene 30 Hufen an der Raab, für die es dem Abt Hitto die ganze Abtei Mondsee auf Lebenszeit übergab.

So vollzog sich also auch in diesen Gebieten, die der deutschen Herrschaft unmittelbar unterstanden, eine lebhafte Kolonisationstätigkeit. Es ist anzunehmen, daß auch hier die deutschen Grundherren, seien sie geistlichen oder weltlichen Standes, zur Bearbeitung ihrer Besitzungen deutsche Kolonisten in die menschenarme Gegend riefen, wie dies im Süden des Landes von dem Slawen Priwina ausdrücklich berichtet wird.

---

1) A. a. O. p. 111 oben.
2) p. 112.
3) A. a. O. p. 112 unten.
4) A. a. O. p. 112.
5) A. a. O. p. 113 oben.
6) Tota deleta est; quondam Pannonia felix; patriae planctus; miserabile funus usw.

Reste von Germanen der Völkerwanderungszeit auf pannonischem Boden.

Noch durch ein weiteres Element wurde die germanische Bevölkerung des Landes ergänzt. Die Gepiden waren bei der Vernichtung ihres Reiches durch die Langobarden und Awaren im Jahre 567 nicht völlig vom Erdboden verschwunden, sondern Reste dieses Volkes hatten die Awarenherrschaft überdauert. Unmittelbar vor deren Ende schreibt Paulus Diakonus, daß noch bis zu seiner Zeit die Überbleibsel der Gepiden unter der harten awarischen Knechtschaft seufzten.[1]) Bestätigt wird diese Nachricht durch das Gedicht Theodulfs über den Habgierigen; denn unter den Ländern und Völkern, durch deren Schätze der Habgierige nicht befriedigt werden kann, erscheint auch der „mißgestaltete Aware" und der „pannonische Gepide".[2]) Die Salzburger Schrift aus dem Jahre 871 berichtet, daß noch zu ihrer Zeit im Lande rechts der Donau Gepiden wohnten.[3])

Es geht allerdings nicht an, diese Nachricht vom Fortbestehen der Gepiden, die sich deutlich auf das Land rechts von der Donau bezieht, wie Kaindl es tut[4]), zu der Behauptung auszuweiten, daß noch im Jahre 870 germanische Quaden in deutlich erkennbaren Resten in den Gebirgen Nordwestungarns (in der Gegend von Neutra) gewohnt hätten. Die zu Beginn der Neuzeit auftauchende Behauptung, die Deutschen Oberungarns, besonders in der Gegend von Dobschau, seien die Nachkommen der alten Quaden, ist auf dieselbe Stufe zu stellen mit der Behauptung aus der Humanistenzeit, die Rumänen seien die unmittelbaren Nachkommen der römischen Kolonisten der Provinz Dacien. Beide haben ihren Ursprung in gelehrten Einfällen, für die ein überzeugender Beweis noch fehlt.

Trotzdem aber ist es durchaus nicht ausgeschlossen, daß sich, wie die Gepiden, so auch Reste anderer germanischer Stämme — neben den Quaden kämen vor allem Goten und Langobarden in Betracht — irgendwo auf dem Boden Ungarns bis in die Karolingerzeit erhalten hätten, so wie sich die von der Hauptmasse ihres Volkes getrennten Krimgoten noch anderthalb Jahrtausende hindurch zu behaupten vermochten; nur nachzuweisen ist das nicht. Zwar werden in der Raffelstätter Zollfestsetzung aus den ersten Jahren des 10. Jh. „Ruger" erwähnt, aus deren Gebiete sich Slawen zum

---

[1]) *Hist. Langob.* I, cap. 27 am Ende.

[2]) *MG. Poetae Latini* I, p. 461,23: . . . Quod deformis Abar Pannonicusque Gipes. Die Form *Gipes* erscheint auch *SS.* XIII p. 419, 57 und 682, 3.

[3]) *CBC.* p. 9: De Gepidis autem quidam adhuc ibi resident.

[4]) *GDKl.* II, S. 138.

Salzhandel an die Donau begaben.[1]) Diese Nachricht hat man[2]) auf germanische Bewohner des alten Rugilandes, von dem in der langobardischen Geschichtsschreibung wiederholt die Rede ist, beziehen wollen. Nun berichtet aber PROKOP ausdrücklich, daß die Reste der Rugier, deren Reich bekanntlich durch ODOAKER vernichtet worden war, sich den Goten angeschlossen haben und mit ihnen nach Italien gezogen sind.[3]) Das Gebiet des ehemaligen Rugierreiches bezeichnet er bei einer anderen Gelegenheit als „Land, in dem vor Zeiten die Rugier gewohnt haben" und erzählt, daß das oströmische Heer beim Durchzug durch die menschenleere Gegend von Hunger bedrängt wurde.[4]) Wir werden daher eher in den „Rugi" der Urkunde die Russen sehen müssen. Gegen VANCSA, der aus der mittelalterlichen Literatur nur noch einen einzigen Fall der Bezeichnung der Russen als „Rugi" kennt — gelegentlich einer Sendung Adalberts von Magdeburg (nicht von Prag!) — und daher deren Gleichsetzung auch in unserm Falle als „vage Analogie" bezeichnet, ist zu bemerken, daß im Gegenteil die Namensform *Rugi* für *Russi*, *Rusci* usw. recht häufig begegnet.[5]) Kiew wurde schon um 865 von warägischen Heerführern besetzt und war seit den 80er Jahren des 9. Jh.s Hauptstadt des russischen Reichs. Ein Handel von dort aus nach der oberen Donau würde nicht zu den Unmöglichkeiten gehören.

Neuerdings versucht Theodor THIENEMANN[6]) eine Reihe von germanischen Lehnwörtern der ungarischen Sprache festzustellen, die einerseits in sehr früher Zeit entlehnt worden sein müssen, andererseits aber ihres Lautstandes wegen nicht aus dem Althochdeutschen stammen können; er hält sie deshalb für Entlehnungen von germanischen Volksresten der Völkerwanderungszeit. Es handelt sich um die Worte *Duna* für die Donau, *Bakony*, *föld* = Feld, Erde (die 2. Bedeutung findet sich sonst nur in Skandinavien), *halom* = nd. holm und *bükk(bik)* = Buche. Falls es sich hierbei wirklich um Entlehnungen der Landnahmezeit handelt und nicht, wie es bei den letzten 3 Wörtern immerhin möglich ist, um noch ältere Entlehnungen aus der finno-ugrischen Zeit, so läge der Gedanke an die Gepiden als Vermittler

---

[1]) *MG. Leges* II, *Capitularia* II p. 251: Sclavi (!) vero, qui de Rugis vel de Boemanis mercandi causa exeunt. . . . . .

[2]) VANCSA, *Gesch. Ober- und Niederösterr.* I, S. 157; LÜTTICH, *Ungarnzüge in Europa*, S. 50.

[3]) PROKOP, *Ὑπὲρ τῶν πολέμων*, VII, = Bd. II, p. 306,1 der Prokopausgabe von Haury.

[4]) A. a. O. VI 24 f. = p. 212, 11.

[5]) Als Beispiele führe ich an: *SS.* I p. 624, 5; 625, 16; XIII 734, 9; XIV 381, 12; XXI 460, 8.

[6]) „*Die deutschen Lehnwörter der ungarischen Sprache*", *Ung. Jahrbb.* hrsg. v. R. Gragger, 1922, S. 88 ff.

am nächsten[1]), da diese noch am Ende des 9. Jh. auf pannonischem Boden nachweisbar sind.[2])

Die Verwüstung des Landes.

Jedenfalls begann das Land zwischen Wiener Wald und Drau gegen Ende des 9. Jh.s immer stärker ein deutsches Aussehen anzunehmen. Die deutschen Ortsnamen sind stärker vertreten als die slawischen, und auch die aus der Römerzeit erhaltenen Ortsnamen (So: Plattensee, Raab, Sala, Sabaria) kann man für die deutsche Bevölkerung in Anspruch nehmen, da die Slawen selten alte Ortsnamen übernehmen. Ein Wiedererstarken des Slawentums, wie es das Auftreten des Methodius hätte hervorrufen können, war um so weniger zu erwarten, als im Jahre 885 schließlich die Schüler des Methodius auch aus Mähren weichen mußten, und nun auch dies Land in geistlicher Beziehung wieder allein dem deutschen Einfluß zugänglich bleiben zu sollen schien, indem Bischof Wiching von Neutra, von Geburt ein Schwabe, die geistliche Leitung des Landes übernahm.

So lagen die Verhältnisse im westlichen Ungarn, als die Ungarninvasion über das Land hereinbrach und einen großen Teil der deutschen Kolonisationsarbeit vernichtete. Dennoch behaupteten sich die Deutschen, wenigstens in Resten, über die Zeit der Verwüstung hinaus. Nimmt man die zeitgenössischen Berichte über die „Greueltaten" der Ungarn wörtlich, so dürfte allerdings keine Spur von der Bevölkerung des Landes übriggeblieben sein.

Nachdem schon im Jahre 881 der erste Zusammenstoß mit den Ungarn, möglicherweise bei Wien, erfolgt war[3]), und kurz darauf ein zweiter mit den ihnen nahestehenden Kawaren, berichtet zum Jahre 894 der Regensburger Fortsetzer der Annalen von Fulda, die Ungarn hätten nach Überschreiten der Donau die Männer und alten Weiber sämtlich erschlagen, die jungen Frauen weggeschleppt und ganz Pannonien bis zur Vernichtung verwüstet.[4]) Als dann im Jahre 895 die Petschenegen die bisherigen Weideplätze der Ungarn im Land zwischen Donaumündung und Don *(Atelkuzu)* in Besitz genommen hatten und

---

[1]) Vgl. dazu auch: *Die Germanischen Elemente der ungar. Hunnensage,* von Jac. Bleyer, *PBB.* 31, 1906, S. 588f., wo die Gepiden als die unmittelbaren Vermittler der Hunnensage allerdings abgelehnt werden.

[2]) Die Behauptung Thienemanns, der Name *Vertowe* für den Neusiedler See sei schon in der Karolingerzeit, und zwar in der *CBC.* nachweisbar, ist nicht zutreffend.

[3]) *Mitt. d. Ges. f. Salzb. Lk.* LXI, 1921, S. 37, ad a. 881: . . . Primum bellum cum Ungaris ad Weniam. Secundum bellum cum Cowaris ad Culmite.

[4]) *Ann. Fuld. c. Ratisb.* ad a. 894, p. 125.

den Ungarn die Rückkehr in ihr Land unmöglich machten[1]), übertrug Kaiser Arnulf von Kärnten den Schutz des bedrohten Landes für die Zeit der Gefahr dem ihm schon lange befreundeten und ergebenen BRAZLAWO, dem Fürsten des Landes zwischen Sau und Drau.[2])

Trotzdem erfolgte eine neue schwere Verwüstung der Mark auf dem Rückwege der Ungarn von ihrem ersten Plünderungszug nach Italien im Jahre 900[3]) und von hier aus ein Angriff auf die zunächst liegenden Teile Bayerns westlich der Enns. Aus den Worten, die den Bericht darüber schließen: „Sie kehrten zurück, woher sie gekommen waren, zu ihrer Habe nach Pannonien"[4]), kann man wohl kaum mit PAULER[5]), LÜTTICH[6]) und anderen folgern, daß sie schon damals das Land westlich der Donau in dauernden Besitz genommen haben. Entweder haben wir es mit einer Erweiterung des Begriffs Pannonien über ganz Ungarn zu tun, wie sie schon in der Karolingerzeit nachzuweisen und vom 10. Jh. an gang und gäbe ist[7]), während sie aber gerade bei unserem Annalisten sonst nicht zu beobachten ist, oder aber es ist lediglich gemeint, daß sie während des Raubzuges nach Bayern die in Italien gemachte Beute und ihren sonstigen Besitz vorübergehend in Pannonien ließen und dann wieder über die Donau zurückgingen.

Gegen eine dauernde Besetzung Pannoniens im Jahre 896 spricht schon der angeführte Vertrag zwischen dem Chorbischof Madalwin und dem Bischof Burkhard von Passau, bei dem es sich zum Teil um Besitzungen in Pannonien jenseits des Wiener Waldes handelt; er fällt erst in das Jahr 903.[8]) Ferner berichten über die Verwüstungen des Jahres 900 die bayrischen Bischöfe an den Papst, indem sie Beschuldigungen der Mährer auf diese selbst zurückwerfen: „Einen Teil führten sie (die Ungarn und die Mährer) als Gefangene hinweg, einen Teil ließen sie in den Tiefen des Kerkers durch Hunger und Durst umkommen, Unschuldige jagten sie ins Exil, vornehme Männer und edle Frauen trieben sie in die Sklaverei; die Kirchen Gottes steckten sie an und zerstörten alle Gebäude, so daß in ganz Pannonien, unserer größten Provinz, keine einzige Kirche mehr zu erblicken ist, wie es die von euch bestellten Bischöfe, wenn sie die Wahrheit gestehen wollten, erzählen könnten, wieviel Tage sie hindurchzogen und dabei das

---

1) *Const. Porph. De adm. imp.* p. 170, 19 u. p. 173, 2 ff. und *Ann. Fuld. c. Ratisb.* ad a. 996, p. 129 f.

2) *Ann. Fuld. cont. Ratisb.* p. 130.

3) A. a. O. p. 134: . . . Pannoniam ex maxima parte devastantes regresserunt.

4) A. a. O.: . . . ad sua in Pannoniam.

5) PAULER, *A magyar nemzet története az Arpádházi királyok alatt* (Gesch. d. ung. Nation unter d. Arpaden), Bd. I, S. 486.

6) LÜTTICH, *Ungarnzüge in Europa im 10. Jh.*, Berl. 1910, S. 46, Anm. 83.

7) Vgl. unten Exkurs I, S. 132 ff.

8) Vgl. oben S. 19 und 20.

ganze Land verödet erblickten."[1]) Hätten nun die Ungarn damals das Land bereits in Besitz genommen, so dürften die Bischöfe — es handelt sich um den Erzbischof JOHANNES und die Bischöfe BENEDIKT und DANIEL, die vom Papst zu den Mährern entsandt worden waren — schwerlich so ungestört haben hindurchziehen können.

Im übrigen wird der Brief, der ja auch in seinen übrigen Teilen an Übertreibungen und Entstellungen reich ist[2]) — auch in dieser Schilderung, die das Verbrechen der Slawen, der angeblichen Anstifter zu den Greueltaten, möglichst schwarz malen will —, nicht wenig übertreiben. Noch bis unmittelbar zur Vernichtung des Mährerreichs scheint der Salzhandel mit den Mährern auf der Donau ungestört geblieben zu sein. Denn die Raffelstädter Zollfestsetzung, ein Weistum aus den Jahren 903—906, durch das die unter Ludwig dem Deutschen und Arnulf in jener Gegend übliche Handhabung des Zollwesens fixiert wurde, in dem man aber keine völlig wörtliche Wiederholung früherer Bestimmungen zu sehen braucht, enthält auch einen Abschnitt, der sich mit dem Salzhandel von Donauschiffen mit den Mährern beschäftigt.[3]) Mährisches Gebiet aber berührte wahrscheinlich erst bei Theben *(Dowina)* die Donau, da das Land weiter westlich von Urwald bedeckt war, so daß auch von dieser Seite aus die Annahme einer Besetzung Pannoniens durch die Ungarn schon im Jahre 896 oder im Jahre 900 (Pauler) Schwierigkeiten bereitet.

Fortbestehen von Resten der deutschen Kolonisation. Das Grenzödland.

Den endgültigen Verlust Pannoniens und des ganzen Landes östlich der Enns brachte erst die Vernichtung des bayrischen Heeres in der Schlacht bei Preßburg, das bereits damals mit seiner deutschen Namensform als *Brezalauspurc* bezeichnet wird[4]), im Jahre 907. Auch dies ist indessen nicht so zu verstehen, als ob die Ungarn alsbald ihre ständigen Wohnsitze daselbst aufgeschlagen hätten. Das Land blieb vielmehr ein Jahrhundert lang wenigstens im Westen im wesentlichen sich selbst überlassen. Vom deutschen Adel und der Geistlichkeit wird damals kaum jemand im Lande geblieben sein, wohl aber von der angesiedelten bäuerlichen Bevölkerung.

Die Klagen über die völlige Verödung Pannoniens dürfen, wie stets in ähnlichen Fällen, nicht in wörtlichem Sinne verstanden werden.

---

1) *Cod. d. et ep. Bohemiae I*, p. 32.

2) Vgl. DÜMMLER, *G. d. Ostfr. Reichs* III, S. 514.

3) *MG. Capp. reg. Franc.* II, p. 252: (naves salinariae) . . . . si autem transire voluerint ad mercatum Marahorum . . . .

4) *Mitt. d. Ver. f. Salzburg. Landeskunde*, LXI, S. 37, ad a. 907: Bellum pessimum fuit ad Brezalauspurc 4° Nonas Julii.

Ähnliche Worte hört man bei allen Verwüstungen kultivierter Länder durch Barbaren: Trotz der Klagen über die Verödung Galliens durch die Germanen im 4. u. 5. Jh. ist Frankreich noch heute romanisch, und auch in den ehemals römischen Teilen Deutschlands konnten sich noch lange romanische Elemente mitten unter den Germanen behaupten. Selbst unter der Awarenherrschaft haben sich, wie erwähnt wurde, Reste der Gepiden noch jahrhundertelang erhalten können. — Während des Mongoleneinfalls in Ungarn im Jahre 1241/42 sollen soviel Menschen getötet und hinterher aus Hunger umgekommen sein, daß man „15 Tagereisen weit im Umkreis keinen Menschen finden konnte“[1]), und doch können die Ungarn wenige Jahre später schon wieder eine bedeutende Rolle in der europäischen Politik spielen und große Heere ins Feld stellen. Ein anschauliches und ergreifendes Bild dieses Mongoleneinfalls gibt die Schilderung des Magister Rogerius; aber wieviel dieser auch von der Mordlust der „Tataren“ und ihren Greueltaten zu berichten weiß, so erzählt er doch auch, daß sie gerade die Feldbau treibende Bevölkerung schonten, um deren Arbeit für sich ausbeuten zu können.[2]) Die 3 Jahrhunderte früher in ähnlichen Verhältnissen lebenden Ungarn werden es der Ackerbau treibenden deutschen und slawischen Bevölkerung gegenüber nicht anders gemacht haben, mit der sie im Westen ihres Landes in Berührung kamen.

Denn von einer Ansiedlung und Seßhaftwerdung der Ungarn kann vor der Lechfeldschlacht noch nicht die Rede sein. Die Ansicht, als hätten die einzelnen ungarischen Geschlechter sämtlich schon zugleich mit der Landnahme die Wohnsitze eingenommen, an denen sie sich später nachweisen lassen, kann nicht in vollem Umfange als richtig anerkannt werden. Was die ungarischen Chroniken oder der anonyme Notar König Bélas von der Verteilung des Landes bei der Landnahme selbst berichten, ist, wenn sich auch höchst wichtige Schlüsse für die ältere ungarische Geschlechts- und Stammesgeschichte daraus gewinnen lassen[3]), als zusammenhängende Darstellung betrachtet, doch ähnlich zu beurteilen wie die des Josuabuches im Hexateuch von der israelitischen Landnahme, oder, will man eine näherliegende Analogie wählen, wie die Widukinds von der Landnahme der Sachsen. Das Land rechts der Donau wurde erst in Besitz genommen, als das Tiefland schon seit einigen Jahren in der Hand der Ungarn war.[4]) Die Ausdehnung in das neubesetzte Gebiet wird daher nicht gleich in

---

[1]) *Continuatio Sancrucensis secunda, SS.* IX, p. 641, 12.

[2]) *Rogerii carmen miserabile,* cap. 35, 36, *SS.* XXIX, p. 563 f.

[3]) Vgl. Valentin Hóman: *Die Ansiedlung der das Land erobernden Stämme* (ung.) *Turul* 1912, S. 89—114.

[4]) Vgl. oben S. 20 f.

vollem Umfange durchgeführt worden sein, sondern einen längeren Zeitraum in Anspruch genommen haben. Über den Bakonywald und das Vértesgebirge wird man zunächst kaum hinausgekommen sein. Das westlich davon gelegene Gebiet betrachteten die Ungarn nichtsdestoweniger als ihr Eigentum. Sie sahen es als Grenzland an, das nicht im Besitz der Feinde sein durfte und möglichst verwildert daliegen mußte. Ähnliche Grenzgebiete finden sich auch bei anderen nomadisierenden sowohl als angesiedelten Völkern. Hóman setzt sie sogar als Trennungsmittel zwischen den einzelnen ungarischen Stämmen voraus.[1]) Ibn Rosteh berichtet, daß zwischen den Petschenegen und Chasaren 10 Tagereisen weit sich unwegsame Einöden und Wälder erstreckten[2]), und als die Petschenegen später in Atelkuzu, dem ehemaligen Wohnsitz der Ungarn, leben, liegt nach Konstantinos Porphyrogennetos ihr Land von dem der Uzen und Chazaren 5 Tage, der Alanen 6, der Mordwinen 10, der Türken (Ungarn) 4, der Russen 1 und der Bulgaren ½ Tag entfernt.[3]) Alle diese Völker aber sind unmittelbare Nachbarn der Petschenegen, wie aus den vorhergehenden Sätzen hervorgeht. Das Land ist also rings von einem breiten unbesetzten Gebietsstreifen umgeben. Mit Bezug auf die Ungarn selbst geht aus diesen Angaben Konstantins so viel hervor, daß ihr neues Gebiet von der zunächst gelegenen petschenegischen Provinz Gyla vier Tagereisen weit entfernt war. Eine ähnliche Strecke mag es auch von Bayern getrennt haben. Hierbei ist zu berücksichtigen, daß Konstantins „Tagereisen" außerordentlich groß sind. So rechnet er von Saloniki nach Belgrad, „wenn man gemächlich geht", 8 Tagereisen![4])

Besondere Befestigungsanlagen an der Grenze des von den Ungarn unmittelbar besetzten Gebiets werden vor der Lechfeldschlacht wenigstens im Westen nicht bestanden haben. Solange die Ungarn selbst die Angreifer waren, bot ihnen das Grenzland allein Schutz genug. Karl Tagányi, der viel auf dem Gebiete der Grenzschutzforschung gearbeitet hat[5]) und sich für die Grenzverhaue des Namens „*Gyepü*" bedient, glaubt, die Ungarn hätten, als sie ins Land kamen, schon ein fertiges Gyepüsystem vorgefunden, und beruft sich dafür auf folgende Stelle in Liutprands *Antapodosis*[6]): (Ungarorum gens) . . . . .

---

[1]) *Turul* 1912, S. 91.

[2]) *Die Quellen der ungarischen Landnahme* (ung.), Bp. 1900, S. 152. (Mit ungarischer Übersetzung).

[3]) *De adm. imp.* cap. 37 = p. 166, 11 der Bonner Ausgabe.

[4]) A. a. O. cap. 42, p. 177.

[5]) Zusammengefaßt in einem Aufsatz: *Alte Grenzschutzvorrichtungen und Grenzödland, Ungar. Jahrb.*, hg. v. Robert Gragger, Jg. 1, 1921 S. 109 ff. Vgl. *Magyar Nyelv* 1913, S. 100.

[6]) *MG.*, Sch.[3] v. 1915, p. 7. Den Ausdruck *clusa*, der natürlich nur in Italien

quibusdam namque difficillimis separata a nobis erat interpositionibus, quas clusas nominat vulgus, ut neque ad meridianam neque ad occidentalem plagam exeundi habuerit facultatem. Dazu p. 15: (Arnulfus) . . . . . depulsis his, pro dolor, munitissimis interpositionibus, quas vulgo clusas nominari praediximus etc. Man darf nun aber den Inhalt dieser Nachrichten keineswegs für historisch halten. Es tritt uns hier vielmehr die Fortbildung einer alten Sage entgegen, nach der Alexander der Große die Barbarenvölker nördlich des Kaukasus durch einen Riesenwall eingeschlossen haben soll. Diese Sage wird zu Liutprands Zeit mit den verschwommenen Vorstellungen der Nachwelt von den Awarenringen, die uns beim *Monachus Sangallensis*[1]) entgegentreten, verbunden und auf Arnulf übertragen, der aus Eigennutz zum Schaden der Menschheit den Barbarenhorden die Tore öffnet. Historische Tatsachen darf man nicht darin suchen.[2]) — Andere Belege für ein vormagyarisches Gyepüsystem in Ungarn gibt es meines Wissens nicht. Es wäre auch nicht einzusehen, wer es angelegt haben sollte. Denn die Reste der römischen Grenzanlagen der Provinz Dacien liegen im Innern des Landes. Das ausgebildete Gyepüsystem, wie es uns seit dem 11. Jh. entgegentritt, wird in seinen ersten Anfängen auf die Zeit nach der Lechfeldschlacht zurückgehen, die zugleich den Beginn der Seßhaftwerdung des Volkes bedeutet. So berichtet Otto von Freising in seiner Chronik zum Jahre 955, daß von jener Zeit an das wilde Volk von Verzweiflung ergriffen sich mit Wällen und Pfählen in Sumpfgegenden gegen die Deutschen zu befestigen begann.[3]) Hätte dagegen im Jahre 950 schon ein ausgebildetes ungarisches Gyepüsystem bestanden, so hätte Ottos des Großen Bruder Heinrich schwerlich um diese Zeit ungehindert bis über die Theiß streifen können.[4])

Daß nun in diesem sich selbst überlassenen, nur zuweilen von ungarischen Heerhaufen durchzogenen Gebiet die alte Bewohnerschaft nicht völlig zugrunde gegangen sein kann, geht daraus hervor, daß die alten Flußnamen und einige Ortsnamen sich durch jenen Zeitraum hindurch erhalten haben: Leitha, Spratz, Rabnitz, Güns, Pinka, Zöbern-

---

und im italienischen Alpengebiet („Veroneser Klause“) gebräuchlich war, setzt Liutprand des leichteren Verständnisses seiner Leser wegen hinzu.

[1]) Jaffé, *Bibl.* 4, p. 667.

[2]) Die weitere Geschichte dieser Sage s. bei Ludwig Fóti, *Gog und Magog, Ung. Rundschau* 1912, S. 618 ff.

[3]) *Chron.* Sch.², 1912, p. 281, 20.

[4]) Widukind II, 36 = Sch.⁴, 1904, p. 81, 2: Ungarios duobus vicibus armis superavit, Ticinum transnatavit et praeda magna intra regionem hostium capta exercitum incolumem patriam reduxit. Vgl. Lüttich, *Ungarnzüge in Europa*, S. 111, Anm. 35. Daß es sich bei dem „*Ticinus*“, abgesehen von der ganz unmöglichen *Traisen*, nicht um den *Tessin*, sondern um die *Theiß* handelt, wird bestätigt durch *SS.* XVII p. 583, 35, ad a. 951: Heinricus dux in Ungariam.

bach, Lafnitz, Raab, Sala und Plattensee begegnen uns sowohl vor als nach der Zeit der Verödung und beweisen, daß, wenn auch nur in Resten, in dieser Zeit eine kontinuierliche Bevölkerung dort vorhanden gewesen sein muß. Auch der ungarische Historiker HEINRICH MARCZALI glaubt den Ursprung der „in den Grenzkomitaten Wieselburg, Ödenburg und Eisenburg wohnenden Hienzen" „noch auf diese Ansiedelungen vor der Landnahme" zurückführen zu müssen.[1])

Falsche Zurückführungen moderner Orte bis in die Karolingerzeit.

Von Ansiedlungen, die sich aus der Karolingerzeit her erhalten haben, sind mit Sicherheit nur Ödenburg, Steinamanger, Fünfkirchen, Preßburg, und wahrscheinlich auch Güns, nachzuweisen. Die übrigen Gleichsetzungen alter Orte mit modernen, die man neuerdings gemacht hat, sind entweder völlig falsch oder zum wenigsten höchst unsicher.

Über *Lindolfeschirichun* ist bereits oben auf S. 5 gesprochen worden. Auch *Pinkafeld* ist für die Karolingerzeit nicht nachzuweisen, da damals nur im allgemeinen von Höfen an der Pinka die Rede ist. — Die große Umbiegung des Zalaflusses um fast 2×90°, in deren Gegend das heutige *Zalabér* liegt, fällt zwar auf dem Kartenbilde, besonders wenn es von größerem Maßstabe ist, ohne weiteres in die Augen. Daß nun aber Zalabér die kontinuierliche Fortsetzung des alten *Salapiugen* darstellt, das seinen Namen nach irgend einer kleineren, in der Natur sichtbaren Umbiegung erhalten haben wird, ist hierdurch nicht zu beweisen, zumal da Zusammensetzungen mit *Zala* in jener Gegend sehr häufig sind. Bei *Zalavár*, das in der Nähe der Sümpfe beim Einfluß der Zala in den Plattensee liegt, könnte man mit mehr Berechtigung an ein Fortleben des alten Moosburg denken. Wenn allerdings Kaindl behauptet, der ungarische Name sei nichts weiter als die Übersetzung des deutschen, so ist das nicht zutreffend. Es liegt bei ihm vielleicht eine Verwechselung mit dem Ort *Sárvár* (= Sumpfburg) an der unteren Güns vor. Aber man kann bei Zalavár auf ein Fortbestehen der alten Ansiedlung vielleicht daraus schließen, daß, wie zu Priwinas Zeiten, so auch im späteren Mittelalter hier eine dem heiligen Hadrian geweihte Kirche bestand, deren Gründung die beiden gefälschten Urkunden vom Jahre 1019 und 1024 auf Stephan den Heiligen zurückführen wollen.[2])

Als völlig mißlungen müssen die Versuche angesehen werden, den Ort *Rada* südlich von Zalavár, sowie *Ungarisch-Altenburg* und *Wieselburg* als Gründungen der Karolingerzeit nachzuweisen. Es soll nicht

---

[1]) *A m. n. tört.* I, S. 95.

[2]) Abgedruckt bei J. KARÁCSONYI, *Sz. Istvdn kirdly oklevelei és a Szilveszterbulla*, Bpest 1891, S. 124—126 und 111—114.

die Möglichkeit bestritten werden, daß an diesen Orten schon in jener Zeit Deutsche wohnten. Nur darf man dies nicht als historische Tatsache hinstellen. Wenn nämlich MELZER[1]) behauptet, der Ort Rada erscheine bereits in einer Urkunde für Salzburg vom Jahre 840, so beruht das darauf, daß er den fehlerhaften Abdruck der Urkunde Ludwigs des Deutschen für Salzburg vom Jahre 860 bei Fejér[2]) benutzte, die hier fälschlich in das Jahr 840 gesetzt wird. Hier steht nämlich statt des „ad Ra**p**am" der wirklichen Urkunde[3]) „ad Ra**d**am". — Ebenfalls auf diesen von Fehlern wimmelnden Abdruck Fejérs geht die von Melzer aufgestellte und dann ständig wiederholte Behauptung zurück, das heutige *Ungarisch-Altenburg* an der Stelle des römischen Flexum werde bereits in dieser Urkunde (angeblich vom Jahre 840) genannt. Fejér las nämlich das im Original der Urkunde stehende *„ecclesiam ad Ternperch"*[4]) als *„ecclesiam Altenberch"*[5]).

Auch der deutsch benannte Ort *Wieselburg*, die Hauptstadt des gleichnamigen ungarischen Komitats, ist erst im Jahre 1063 zum ersten Male nachweisbar.[6]) In der Karolingerzeit erscheint er noch nicht. Wenn in der neueren Literatur durchweg das Gegenteil behauptet wird, so beruht das auf einem merkwürdigen Irrtum. In einer philologischen Arbeit: LUMTZER und MELICH, *Deutsche Ortsnamen und Lehnwörter des ungarischen Sprachschatzes*[7]), führt Lumtzer als Analogon für den Wechsel der Buchstaben *M* und *W* in der Namensform für das ungarische Wieselburg (Moson) auch den niederösterreichischen Ort Wieselburg südlich von Pöchlarn an, der angeblich „im 10. Jh. sowie 1056 als *Zuisila* erscheine, 813 und 1073 aber als *Miesingenburg*", mit Berufung anf den leider vielfach unzuverlässigen Förstemann.[8]) Hier wird nun fälschlich das zum Jahr 1063 in den Altaicher Annalen genannte Wieselburg (*Miesingenburch*), das selbstverständlich das ungarische ist, für das österreichische gehalten, mit der richtigen Stellenangabe P. XX, 813 (= *MG.*, *SS.* XX, pag. 813). Dies hielt Lumtzer, der nicht nachschlug, für die Jahreszahl. Alfred MELZER[9]) schreibt dann, den Lumtzer mißverstehend, hiernach: „Und zwar dehnte sich diese bayrische Ansiedlung über ganz Westpannonien aus, bis zu einer Linie, die von der Donau, wo wir 813 den Ortsnamen Miesingenburg erwähnt finden, hinabzieht über den Plattensee bis an die Drau" usw. Hiernach wieder schreibt dann Kaindl[10]): „Im allgemeinen dehnte sich die An-

---

[1]) *Progr. d. Staatsg. z. Pola* 1904, S. 8 und 9. [2]) FEJÉR, *CDH.* I, p. 171,13.
[3]) *S. U.* II, S. 40. [4]) *S. U.* II, S. 40,9. [5]) FEJÉR, *CDH.* I, p. 63.
[6]) *Ann. Altah.*, Sch. 2. Aufl. p. 63. Vgl. unten S. 80.
[7]) *Quellen u. Forsch. z. Gesch. Österr.* VI, Innsbruck 1900, S. 7.
[8]) *A. N.* II,2, S. 285. Ich konnte nur die 3. Aufl. von 1916 einsehen, doch dürfte diese Angabe unverändert der 2. entnommen sein.
[9]) Gymn.- Progr. Pola 1904, S. 5. [10]) *GDKl.* II, S. 5.

siedlung über Westpannonien bis zu einer Linie aus, die sich im Osten von Wieselburg an der Donau über den Plattensee bis zur Drau zieht." Noch deutlicher zeigt sich der Fehler auf S. 118 unten[1]) und in seinen populären Schriften.

II. Die abendländischen Gäste in Ungarn im Zeitalter Stephans I.

Die christlichen Gefangenen der Ungarn.

In der Zeit der ungarischen Raubzüge vollzog sich allmählich eine ethnologische Umwandlung des Volkes. Als im Jahre 896 die Petschenegen die in Atelkuzu zurückgebliebenen Weiber, Kinder und Sklaven der Ungarn ermordet oder weggeschleppt hatten, mußten die Krieger dieses Volkes, das schon vorher in anthropologischer Hinsicht stark mit fremden, auch indogermanischen Elementen durchsetzt war[2]), durch Raub neuer Frauen die Verluste ersetzen. Wir finden daher in den Schilderungen ihrer Greueltaten wiederholt die Bemerkung, daß sie Männer und alte Weiber töteten, die jungen Frauen und Kinder aber mitschleppten.[3]) Dies Verfahren setzten sie das ganze 10. Jh. hindurch fort, doch so, daß sie, als mit dem Beginn der Seßhaftwerdung sich ihre Bedürfnisse steigerten, auch Männer als Sklaven in ihr Land führten[4]), um durch deren Arbeit der Erzeugnisse einer höheren Kulturstufe teilhaftig zu werden, etwa in derselben Weise, wie die Germanen der Völkerwanderungszeit die ihnen industriell überlegenen Romanen verwandt haben, wenn es sich auch hier nicht um Sklaverei handelte. Auf diese Weise wurde allmählich das indogermanische Element des Volkes bedeutend gestärkt. Wenn trotzdem noch Otto von Freising von der abschreckenden Häßlichkeit der Ungarn spricht[5]), so wird das — falls nicht bei ihm lediglich eine Reminiszenz an die ähnlichen Schilderungen früherer Geschichtsschreiber von den Hunnen vorliegt, auf die er selbst

---

[1]) „Dazu gehörten vor allem ..... die festen Orte Miesingenburch (Wieselburg) und Altenberg (Ungar. Altenburg)." J. Melich, *M. Ny* 1922, S. 146, glaubt, der ungar. Name des Ortes, *Moson*, müsse des *š* wegen schon in der Zeit um 900 entlehnt sein. Indessen zeigt sich die Verwandlung des *s* in jener Gegend auch in Namen wie *Gálos* (Gols), *Gyöngyös* (Güns), *Nezsidér* (Neusiedl) u. ö. Vgl. auch *Sebestyén Mátyás* usw.

[2]) Vgl. J. Peisker, *Die Abkunft der Rumänen*, *Z. h. V. St.*, 1917, S. 182. Die an dieser Stelle ausgesprochene Ansicht Peiskers, die Ungarn seien ursprünglich, wie die Wallachen, Petschenegen, Kumanen usw. ein türkisches Schafwanderhirtenvolk gewesen, das dann durch Frauen- und Sklavenraub allmählich von unten her in sprachlicher Hinsicht ugrisiert worden ist, dürfte, so einleuchtend sie auch scheint, doch daran scheitern, daß die türkischen Lehnwörter des Ungarischen auf bestimmte Begriffskreise, wie Ackerbau und Viehzucht, beschränkt sind. Vgl. Szinnyei, *Die Herkunft der Ungarn*. *Ungar. Bibl.* her. v. R. Gragger.

[3]) So *Ann. Fuld. c. Rat.* p. 125 und *Regino* II, 28, Sch. 3. Aufl., 1919, p. 51, 6.

[4]) Vgl. *Liutprandi legatio* p. 199 (ad a. 968).

[5]) *Gesta Friderici* I, 32, Sch. v. 1912 p. 50, 6.

sich kurz vorher bezieht — auf die erneute Aufnahme von türkischen Elementen zurückzuführen sein, nämlich der im 11. Jh. von den Kumanen verdrängten Petschenegen, die als Schützen die Vorhut des ungarischen Heeres zu bilden pflegten und daher besonders in die Augen fallen mußten.

Die neugewonnenen Volksteile gingen, da sie keine nationale Einheit bildeten, sondern aus allen Nationen Europas zusammengewürfelt waren, wahrscheinlich bald im Ungartum auf, behielten aber heimlich, wenn auch in verderbter Gestalt, das Christentum bei und übertrugen es auf ihre Kinder.[1]) Nach dem offiziellen Übertritt des Herzogs zum Christentum wurden sie zum großen Teil frei und standen in hoher Achtung.[2])

Wurde schon hierdurch mit der Zeit die Wildheit der Ungarn einigermaßen gemildert, so bewirkten vollends die wiederholten verlustreichen Niederlagen in Deutschland — zuletzt in der Lechfeldschlacht — und im Byzantinischen Reich, das sich nach Unterwerfung der Bulgaren wieder bis zur Donau hin auszudehnen begann, das Aufgeben der Raubzüge in die Nachbarländer und ein allmähliches Fortschreiten der Seßhaftwerdung des Volkes. Hiermit war der Zeitpunkt für den Beginn einer neuen Periode deutscher Einwirkung auf Ungarn gegeben, die sich zunächst in der Missionstätigkeit deutscher Geistlicher zeigt.

Beginn der deutschen Missionstätigkeit.

Das Land bildete indessen damals noch keine politische Einheit. Ursprünglich hatte jeder der acht Stämme, in die das Volk zerfiel — zu den sieben magyarischen kam noch ein chasarischer, die Kawaren[3]) — einen besonderen Fürsten. Nur im Falle eines feindlichen Angriffs schlossen sie sich zusammen, und dann führten die Nachkommen Arpads den Oberbefehl über das ganze Heer. Neben ihnen nahmen der *Gylas* und der *Karchas* (Karchan), ursprünglich als Richter, eine bedeutende Stellung ein.[4]) Allmählich scheinen dann die Arpaden die Herrschaft über den Westen des Landes gewonnen zu

---

[1]) Pilgrim von Passau sagt in seinem Brief an Papst Benedikt VII., *Endlicher, RHMA.* p. 131: Christiani autem, quorum maior pars populi est, qui ex omni parte mundi illuc tracti sunt captivi etc.

[2]) *Rodulfi Historia, SS.* VII, p. 59,8: A quibus (sc. Hungaris) etiam iam dudum diripiendo captivabantur undecumque in miserrima mancipia distrahendi, qui reperiebantur christiani, ab eisdem quoque foventur nunc seu fratres vel liberi.

[3]) Eine wertvolle Bestätigung der Angaben des Konstantinos Porphyrogennetos hat die von Klebel neu aufgefundene Salzburger Geschichtsquelle gebracht, die zum Jahre 881 „*Cowari*" als Teil der Ungarn, aber als für sich bestehende Einheit kennt. Vgl. oben S. 20, Anm. 3. *Ung. Jahrbb.* 2, 221.

[4]) *Const. Porph. de adm. imp.* p. 174,12.

haben, während der Gylas und wahrscheinlich auch der Karchas den Osten (*Nigra Ungaria*) beherrschten.

Die Tätigkeit der deutschen Missionare erstreckte sich naturgemäß zunächst auf den Westen. Hier herrschte in jener Zeit in Gran der Arpade Geisa, der unter dem Einfluß seiner männlichen Gattin stand, der Tochter des schon seit längerer Zeit christlichen Gylas.[1]) — Nachdem bereits im Jahre 971 der Mönch Wolfgang von Einsiedeln, später Bischof von Regensburg, eine kurze Zeit lang in den Grenzgebieten Ungarns gepredigt hatte[2]), nahm der Bischof Pilgrim von Passau selbst die Mission in die Hand.

In einem Schreiben an Papst Benedikt VII., das seine Erfolge in Ungarn vielleicht in ein etwas zu günstiges Licht stellt, in dem uns allein angehenden ersten Teile aber keineswegs Unwahrscheinliches berichtet, teilt er mit, er habe, von den Ungarn durch viele Bitten dazu aufgefordert, geeignete Mönche, Kanoniker, Priester und Kleriker aller Grade dorthin gesandt, die 5000 vornehme Ungarn getauft hätten; fast ganz Ungarn sei zur Aufnahme des Christentums bereit.[3]) Dümmler sucht dem Bischof schon in diesem ersten Teil seines Briefes Unwahrhaftigkeit nachzuweisen.[4]) Das geht meiner Meinung nach zu weit. Daß ein großer Teil der Ungarn noch heidnisch geblieben sei, leugnet ja Pilgrim keineswegs, auch behauptet er nicht, daß das neue Christentum in Ungarn bereits dem Idealbild des römischen Katholizismus entspräche. Daß heidnische Reminiszenzen noch 100 Jahre lang im Volke fortlebten, entspricht nur den Verhältnissen. Fanden doch noch zu Ende des 16. Jahrhunderts die Jesuiten in dem seit 200 Jahren bekehrten Litauen Reste des Heidentums. Der Anteil des heiligen Wolfgang an der pannonischen Mission ist nach dem Urteil Othlohs, der noch die gute Regensburger Klostertradition kannte[5]), sehr gering[6]), zumal da Wolfgang nur die Grenzgebiete Ungarns besuchte. Die völlig verworrenen und meist aus der Luft gegriffenen Angaben des Interpolators der Historien des Ademar von Savannes können, zumal da sie erst aus dem Ende des 12. Jahrhunderts stammen, nicht als Zeugnisse gegen Pilgrim herangezogen werden. Dagegen die Angaben Thietmars von Merseburg zu bezweifeln oder umzudeuten, liegt kein Anlaß vor. Von welcher Bedeutung die Passauer

---

[1]) *Brunonis vita s. Adalberti, SS.* IV, p. 607, 21: quae totum regnum manu tenuit, virum et quae erant viri, ipsa regebat. Vgl. unten S. 34.

[2]) *Ann. Einsidl.* ad a. 972, *SS.* III, p. 143, 7 und *Arnoldus de s. Emmerammo, SS.* IV, p. 556, 30.

[3]) *Endl.* p. 131—133.

[4]) *Pilgrim von Passau u. das Erzbistum Lorch*, Leipzig 1854, S. 40—41.

[5]) *SS.* IV, S. 525, 32.

[6]) *SS.* IV, S. 530, 50: cum . . . frustra laboraret.

Mission für Ungarn war, zeigt schon allein der Name Stephan, den Geisas Sohn WAJK bei der Taufe erhielt.

Auch Geisa selbst empfing die Taufe wahrscheinlich durch einen deutschen Geistlichen. Denn eine Notiz des St. Galler Totenbuches besagt, ein Bischof PRUNWART habe eine große Anzahl Ungarn mitsamt dem König selbst bekehrt.[1]) Möglicherweise gehörte dieser Prunwart zu den von Pilgrim nach Ungarn entsandten Missionaren. Die Bezeichnung „König“ für den Herzog begegnet auch sonst häufig. KAINDLS Vermutung[2]), es handle sich hier um die Bekehrung einer Anzahl bei einem Streifzug gefangener Ungarn, ist nicht annehmbar. Der Wortlaut der Notiz des wortkargen Totenbuches weist darauf hin, daß nur ein außergewöhnlich wichtiger Vorfall zugrunde liegen kann.

Geisa begann nach seinem Übertritt zum Christentum alsbald die neue Lehre mit Gewalt zu verbreiten.[3]) Um dies durchführen zu können, brauchte er die Unterstützung von Ausländern; und so ist Geisa der erste in der Reihe der ungarischen Fürsten, die Fremde an ihren Hof zogen und sie vor den einheimischen Großen bevorzugten. Schon früher fand gelegentlich ein vornehmer deutscher Flüchtling Aufnahme in Ungarn, wie zu Anfang des Jahrhunderts der Bayernherzog Arnulf. Von Geisa aber heißt es geradezu, er sei, während er streng und grausam gegen seine Landsleute verfahren sei, mitleidig und freigebig gegen die Fremden gewesen.[4]) Er erließ zudem den Befehl, allen Christen, die sein Reich betreten wollten, Gastfreundschaft und Sicherheit zu gewähren.[5]) Die Tradition des 13. Jahrhunderts führt mehrere der damals hervorragenden Adelsgeschlechter Ungarns auf deutsche Gäste zurück, die schon unter Geisa nach Ungarn gekommen sein sollen.[6]) Noch Geisa selbst scheint es auch gewesen zu sein, der die Gründung des Klosters Martinsberg in Angriff genommen hat.[7])

---

[1]) *Libri Anniversariorum et necrologium monasterii s. Galli, MG. Necrologia* I, p. 466, zum 2. Febr.: (Obitus) . . . Prunwarti episcopi; iste s. Galli servus erat et plurimos Ungariorum cum rege ipso convertit.

[2]) *Beiträge zur älteren ungarischen Geschichte,* Wien 1893, S. 61.

[3]) *Thietmar v. Merseburg,* Chron. IX, cap. 4, Sch. v. 1889, S. 241. Qui cum Christianus efficeretur, ad corroborandam hanc fidem contra reluctantes subditos saevit. *Stephani vita maior,* SS. XI, S. 233 .... ut omnes milicie sue comites ad veri dei culturam converteret. Quos vero aliene vie sectatores reperit, minis terroribusque subiugavit.

[4]) *Stephani vita maior,* SS XI, S. 233 misericors autem et liberalis in alienos.

[5]) A. a. O. S. 233. [6]) S. unten S. 40 f.

[7]) Vgl. Stephans Urkunde für Martinsberg, abgedr. bei KARÁCSONYI S. 147: monasterio sancti Martini in monte supra Pannoniam ab genitore nostro incepto... Die Urkunde ist zuletzt besprochen von H. BRESSLAU, *Arch. f. Urkf.* 1918, S. 71—74.

Griechische Einwirkungen auf Ungarn.

Trotz alledem aber konnte die Kirche mit ihrem Erfolg in Ungarn unter Geisas Herrschaft noch nicht recht zufrieden sein. Denn wenn sich auch die Ungarn in großer Zahl taufen ließen, Kirchen bauten und sich sonst der neuen Lehre zugetan erwiesen, so wurzelte doch das Heidentum zu tief, als daß es in so kurzer Zeit hätte ausgerottet werden können. Geisa und seine Zeitgenossen suchten daher beides miteinander zu vereinen: Sie nahmen das Neue auf, ohne darum mit dem Alten völlig zu brechen. — Begünstigt wurde dies Bestreben dadurch, daß ja auch die Kirche, deren Herrschaft im Lande begründet werden sollte, keine wirkliche Einheit mehr war, sondern in Rom und Konstantinopel zwei einander entgegenarbeitende Zentren hatte. Von beiden Seiten aber wurden Missionare nach Ungarn geschickt. Denn auch in Konstantinopel war man nicht untätig geblieben. Der „Türkenbischof" Hierotheos hatte schon damals viele Ungarn zum Christentum bekehrt.[1]) — Schon vorher hatte der Kaiser Konstantinos Porphyrogennetos den Karchas Bulosudes, gewöhnlich Bultzu genannt, getauft, der um 950 mit dem Arpaden Termatzus an den byzantinischen Hof gekommen war.[2]) — Seinem Beispiel folgte bald darauf der Gylas; er empfing gleichfalls in Konstantinopel die Taufe.[3]) Da ihn Bischof Hierotheos nach Ungarn begleitete, so wird vor allem sein Gebiet dessen Wirkungskreis gebildet haben. Während es nun Bultzu mit den Verpflichtungen des neuen Glaubens nicht genau nahm und seine Streifzüge mit dem ihm unterstehenden Teil des Volkes fortsetzte, bis er schließlich nach der Lechfeldschlacht in Regensburg ein unrühmliches Ende fand[4]), blieb der Gylas dem Christentum treu, machte den Raubzügen in seinem Lande ein Ende, kaufte die christlichen Gefangenen auf und schenkte ihnen die Freiheit.[5])

Wir haben aus der größeren Legende des heiligen Gerhard die hier im wesentlichen die spätere Tradition des Georgsklosters in Csanád wiederzugeben scheint, die Nachricht, daß daselbst vor der Ankunft

---

[1]) *Georgii Cedreni Historiarum compendium* 636 C, = Bd. II, S. 328 der Bonner Ausgabe v. 1839.

[2]) *Kedrenos*, a. a. O., S. 328, 4; dazu *Const. Porph.* III, S. 175, 14 und ebendort Zeile 11. Die unter dem Text stehende lateinische Übersetzung ist, wie nur allzu häufig, auch hier falsch. Vgl. Bury, *The treatise de adm. imp., Byz. Zschr.* 15, 1906, S. 562.

[3]) *Kedrenos* a. a. O., Zeile 9. [4]) *Kedrenos* a. a. O., Zeile 18.

[5]) *Kedrenos* a. a. O., Zeile 15. Alle aus Kedrenos zitierten Nachrichten stammen von Skylitzes, dessen Werk nicht gedruckt ist. Kedrenos und Zonaras XVI, 21 ff. (S. 484 ff. der Ausg. v. *Büttner-Wobst*, IV, 68 bei *Dindorf*) schreiben den Skylitzes fast wörtlich aus. Skylitzes nennt als Besieger Bultzus statt des Johannes richtig König Otto (den Großen).

Gerhards ein Kloster griechischer Mönche bestand, die später nach *Orozlanos* (= Oroszlámos südlich von Csanád) verpflanzt wurden.[1]) Der Fürst dieses Gebietes selbst, den die Sage ACHTUM nennt, und dessen Gestalt vielleicht auf den letzten historischen Gylas, den PROKUI zurückgeht, der im Jahre 1003 von Stephan überwunden wurde[2]), war nach derselben Quelle nach griechischem Ritus getauft und besaß sein Reich als griechischer Vasall.[3])

Man darf nun zwar die Erzählungen dieses 10. Kapitels der größeren Gerhardlegende keinesfalls für historisch halten, obgleich dies Büdinger und viele andere vor und nach ihm taten. Aber dunkle Erinnerungen an das unter griechischem Einfluß stehende Reich des Gylas und seine Zerstörung durch Stephan, die ja mit der Vorgeschichte des Klosters in enger Verbindung gestanden haben muß, wird man doch darin suchen dürfen. Daß es sich um den Gylas und nicht um den Karchas handelt, wie das u. a. Kaindl glaubt[4]), ist um so wahrscheinlicher, als dessen Reich — er stand ohnehin dem Gylas an Macht nach[5]) — schon nach dem Untergang Bultzus und seines Heeres in der Lechfeldschlacht sein Ende gefunden haben wird.

Wir kennen einen slawischen Text, der, wahrscheinlich aus dem 14. Jahrhundert stammend, von der Losreißung der römischen Kirche von der griechischen handelt und auch die Verdrängung der griechischen Kirche aus Ungarn bespricht.[6]) Es handelt sich um die slawische Übersetzung eines griechischen Originals, das, wie mir die Namensform *Peoni* für die Ungarn anzudeuten scheint[7]), nicht vor dem 12. Jahrhundert geschrieben worden sein wird. Wir erfahren hier, daß der eine der beiden ungarischen Fürsten, die in Konstantinopel die Taufe empfangen hatten, den Namen Stephan führte, und bevor noch die griechischen Bischöfe in Ungarn sich so recht festsetzen konnten, nach Verrichtung vieler gottgefälliger Werke aus dem Leben schied. Da die Byzantiner auf den Karchas Bultzu schlecht zu sprechen sind, könnte es sich hier nur um den Gylas handeln. Man muß indessen

---

1) *Endl.*, S. 219.

2) *Ann. Hildesh.* ad a. 1003, Sch. v. 1878, S. 29. Für die Identität des Gylas (Gyula) und des Achtum (Ajtony) der Sage tritt auch HÓMAN ein (*Turul* 1912, S. 111 ff).

3) *Endl.*, S. 214 und 215. Über die größere Gerhardlegende als historische Quelle und den sich an sie knüpfenden Streit vgl. Exkurs II, S. 138 ff.

4) Vgl. *Beitr. z. ält. ung. Gesch.*, S. 2: „Der Karchan Bultzu" und öfter.

5) *Const. Porph. de adm. imp.* p. 175, 16: τὸ γυλᾶς, ὅ ἐστι μεῖζον τοῦ καρχᾶ.

6) Das von den Ungarn handelnde Kapitel ist nebst ungarischer und lateinischer Übersetzung abgedruckt von LUDWIG THALLÓCZY, *Beiträge zur Geschichte der Orthodoxie in Ungarn*, *Szdz.* 1896, S. 199—206.

7) Vgl. J. DARKÓ: *Die auf Ungarn bezüglichen Volksnamen bei den Byzantinern.* Byz. Ztschr. 21, 1912, S. 474.

mit der Möglichkeit rechnen, daß die späte griechische Quelle den Gylas mit Stephan dem Heiligen verwechselte und ihm fälschlich dessen Namen verlieh.

Als Geisa, der Beherrscher des westlichen Ungarn, die Tochter des Gylas, der die ungarische Sage den Namen Sarolt gibt, zur Frau nahm[1]), mag durch sie der griechische Einfluß sich auch auf den Westen des Landes ausgedehnt haben, zumal da nach einer Bemerkung Brunos von Querfurt sie die eigentliche Leiterin war und durch sie der Anfang mit der Einführung des Christentums gemacht wurde.[2]) Jedenfalls besitzen wir aus den ersten Regierungsjahren Stephans des Heiligen, wahrscheinlich aus der Zeit unmittelbar nach der Krönung, eine in griechischer Sprache abgefaßte Stiftungsurkunde dieses Königs für das Nonnenkloster Veszprémvölgy.[3]) Valentin Hóman, der die Urkunde zuletzt ausführlich besprochen hat[4]), bestimmt für sie als frühesten Zeitpunkt die Krönung Stephans im Jahre 1000 oder 1001, weil der Herrscher sich bereits *κράλ* nennt und in der Urkunde von Nachkommen Stephans die Rede ist. Während das erste Argument als richtig wird erkannt werden müssen, da die Byzantiner auch die serbischen Fürsten erst seit der Annahme des Königstitels als *κράλ* bezeichnen, kann dasselbe nicht auch von dem zweiten gelten, das auf der Meinung beruht, Stephans Heirat habe bereits im Jahre 995 stattgefunden. Denn die Wendung, daß die Stiftung des Klosters zu seinem eigenen Wohl, zum Wohl seiner Nachkommen (*τοῖς τέκνοις μου*) und des ganzen Volkes ausschlagen soll, ist so formelhaft, daß man daraus nicht entnehmen darf, Stephan habe damals schon wirklich Kinder gehabt. Falls der Diktator mit jenem Ausdruck eine bestimmte Vorstellung verknüpft haben sollte, wird er an künftige Nachkommenschaft Stephans gedacht haben. — Wenn man aus der griechischen Fassung der Urkunde auch nicht mit Bestimmtheit entnehmen kann, daß die Nonnen des Klosters griechischer Nationalität waren, so erkennen wir doch, daß noch Stephan zu Beginn seiner Regierung unter griechischem Einfluß stand und von Griechen umgeben war. Die Bestätigungs-

[1]) In den zeitgenössischen Quellen wird dies nicht direkt überliefert. Da aber in den *Ann. Hildesh.* Sch. v. 1878, S. 29 und bei *Thietmar*, IX, 4, Sch. v. 1889, S. 241, der letzte Gylas Prokui, der von Kaiser Konstantin getauft wurde, als *avunculus* Stephans des Heiligen bezeichnet wird, kann kein Zweifel bestehen, daß die ungarische Sage hier, wie auch sonst verhältnismäßig oft, das Richtige überliefert.

[2]) Vgl. oben S. 39, Anm. 2; dazu *SS.* IV, S. 607, 23: Qua duce erat christianitas coepta.

[3]) Abgedruckt u. a. *M. H., DD.* p. 347 und bei Karácsonyi, *Die Urkunden St. Stephans u. die Sylvesterbulle* (ung.), Budap. 1891, S. 26—27.

[4]) *König Stephans griechische Urkunde* (ung.), *Száz.* 1917. S. 231 f.

urkunde König Kolomans gibt sogar als Grund für die griechische Abfassung der Stiftungsurkunde an, daß Griechisch die Sprache des Stifters gewesen sei.[1])

Die Vermengung der Religionen unter Herzog Geisa. Adalbert von Prag und Ascherich.

Geisa und seine Gemahlin also waren noch weit davon entfernt, sich ausschließlich der abendländischen Kirche und Zivilisation zu unterwerfen. Es herrschte vielmehr an ihrem Hofe ein buntes Durcheinander der Religionen. — Einen Blick in diese Zustände gewährt uns eine Anekdote, die Thietmar von Merseburg von ihm erzählt[2]): Stephans Vater Dewiux opferte dem allmächtigen Gott und mannigfachen Götzen. Als er nun von seinem „Bischof" — vielleicht ist Ascherich gemeint — hierüber Vorwürfe zu hören bekam, versicherte er, er sei reich und mächtig genug, um beides zu tun. — Ein Teil der Historiker wie auch der Herausgeber (vgl. das Personenverzeichnis unter *Deviux*) mißversteht die Stelle, indem sie die Worte: „*huius pater erat Deviux*" statt auf Stephan, von dem unmittelbar vorher die Rede ist, auf den einige Zeilen weiter oben genannten Prokui beziehen. Die Unmöglichkeit einer solchen Interpretation wird dadurch bestätigt, daß *Deviux* nur eine der vielen Nebenformen des Namens *Geisa* ist. Denn auf dem byzantinischen Teil der Stephanskrone[3]), der von Kaiser Michael Dukas an König Geisa I. übersandt wurde, erscheint Geisa unter dem Namen *Γεωβιτζ* (sprich: Djovitsch), was Thietmars Namensform *Deviux* entsprechen wird.[4])

Auch der heilige Adalbert, von Geburt ein Tscheche oder vielmehr Weißkroate[5]), aber in Deutschland in der Magdeburger Domschule aufgewachsen und erzogen, zudem ein Verwandter des späteren Kaisers Heinrich II., hatte einen gewissen Anteil an der Bekehrung der seiner Diözese benachbarten Ungarn, wenn auch bei weitem keinen so großen, wie die spätere ungarische und polnische Tradition ihm zuschreiben. Er entsandte gelegentlich Priester dorthin und erschien auch wenigstens einmal persönlich; aber ebensowenig, wie in seiner eigenen Bischofsstadt Prag, gab er sich hier Mühe, das unter der

---

[1]) Fejérpataky, *Die Urkunden König Kolomans* (ung.) in *Értekez. a tört. tud. köréből* 15, 1893, S. 35: privilegium iuxta linguam auctoris Grece scriptum.

[2]) *Thietm. chron.* IX,4, Sch. v. 1889, p. 241.

[3]) Abgebildet u. a. in *A. m. n. tört.* II, S. 105.

[4]) Zu vergleichen sind ferner die Formen *Deuca* (*SS.* XVII, p. 667,16) *Joias* bei Lampert v. Hersfeld (p. 159), *Joitscho* in anderen deutschen Quellen, *Gieuso, Lib. de lite imp. et pont.*, 364,41 und *Ἰατζᾶς* bei *Joh. Kinnamos*, p. 215,1 der Bonner Ausgabe.

[5]) Vgl. Loserth, *Der Sturz des Hauses Slawnik, AKöG.*, 1883, S. 25.

christlichen Hülle fortlebende Heidentum auszurotten.[1]) Es scheint überhaupt ein Charakterzug dieses Heiligen zu sein, der auch während seiner preußischen Mission gelegentlich hervortritt, sich erst schwierige Aufgaben zu setzen, dann aber, wenn ein Erfolg nicht gleich eintritt, ungeduldig zu werden und sich in neue Unternehmungen zu stürzen. Von einer Taufe der ungarischen Herzogsfamilie durch Adalbert findet sich weder in seinen drei ältesten Biographien noch in andern zeitgenössischen Quellen irgendeine Spur. Hätte sie stattgefunden, so wäre sie dort sicher nicht verschwiegen worden.[2])

Adalbert hatte einen Erzieher (*papas*) namens Ascherich, wie sein Name anzudeuten scheint, von deutscher Herkunft, nach Ungarn an den Hof Geisas geschickt. Vielleicht war er dort der Lehrer des jungen Stephan, in dessen kleinerer Lebensbeschreibung es heißt, er sei schon als Knabe in der Grammatik unterrichtet worden.[3]) Als man nun in Ungarn weiter an der Mischreligion festhielt — „ein Christentum, schlimmer als die Barbarei", wie Brun sich ausdrückt — forderte Adalbert jenen Erzieher auf, mit oder ohne Erlaubnis der Fürstin, in deren Hand damals die Regierung lag, das Land zu verlassen und zu ihm zu kommen.[4]) Er hatte ihn bereits zum Abt des

[1]) *SS.* IV, S. 603, 26.

[2]) Weitere Argumente dagegen führt L. Erdélyi an in *A Pannonhalmi Sz.-Benedekrend története* (Geschichte des Martinsberger Benediktinerordens) Bd. 1, S. 40 f.

[3]) *SS.* XI, S. 226, 30.

[4]) Man hat in diesem *papas* Adalberts vielfach den Radla gesehen — so außer Giesebrecht und den älteren deutschen Forschern noch Karácsonyi, *Kik voltak az elsö érsekek?* *Szdz.* 1892, S. 201 und Erdélyi, *A Pannonhalmi Sz.-Benedekrend tört.* I, S. 46 f., ebenso *Árpádkor*, Bp. 1922, S. 82, — weil Bruno diesen *SS.* IV, S. 602, 37 in ganz ähnlicher Weise als „*sancti viri papatem sapientem*" bezeichnet. Radla aber befand sich noch am 28. Sept. 995 in Libitz, wo er die Brüder Adalberts zu retten suchte: a. a. O. S. 606, 22: feria sexta in vigilia .... Venezlay (also 995, wie auch in den *Ann. Pragenses* SS. III, S. 119, 8) und weiter unten Z. 32: dum, de quo iam diximus clericus Radla consilium dedit etc. Adalberts Botschaft an den Erzieher in Ungarn, der dort längere Zeit tätig gewesen sein wird, fällt gleich in das nächste Jahr. Vor allem aber ist nicht einzusehen, weshalb Bruno, der doch sonst auf schon genannte Personen verweist und hier erst wenige Zeilen vorher von Radla gesprochen hat, mit keiner Silbe andeutet, daß es sich um dieselbe Person handelt. — In der ersten Redaktion von Brunos Werk, die nach Kaindl, *Mitt. d. Ver. f. Gesch. d. Deutschen in Böhmen* XXXII, 1894 und *MIöG.* 20, 1899, S. 652, im Jahre 1004 vor seiner Reise nach Ungarn abgefaßt wurde, wo er Ascherich persönlich kennenlernte, heißt es, *SS.* XI, S. 604, 45, daß Adalberts Kleriker *Astericus*, mit diesem entzweit, versucht habe, sich von ihm zu trennen, wenn dieser Versuch auch zunächst vergeblich blieb. In der zweiten Redaktion, die nach der persönlichen Bekanntschaft mit Ascherich entstand, heißt es dann von dem Erzieher in Ungarn (a. a. O. S. 607, 30): (Adalbertum) ardua scandentem tunc semper fugiebat. Ascherich und jener Papas am Hofe Geisas können hiernach wohl als dieselbe Person angesehen werden.

neugegründeten Klosters Meseritz gemacht.[1]) Ascherich aber war damals bereits in Ungarn Mönch geworden[2]); in Stephans Urkunde für Martinsberg erscheint er als Abt dieses Klosters[3]), während er der späteren Tradition als der erste Abt von Pécsvárad gilt.[4]) Er blieb daher den größeren Aufgaben, die ihm in Ungarn gestellt waren, treu und weigerte sich, der Aufforderung Adalberts zu folgen.[5])

Stephans Anschluß an das Abendland.

Geisas Tod fällt wahrscheinlich in das Jahr 997. Ob noch er selbst oder seine Gattin oder erst sein Sohn Stephan den Anstoß zum endgültigen Anschluß Ungarns an die abendländische Kirche und Kultur gab, der sich infolge der Vermählung Stephans mit der Tochter Heinrichs des Zänkers vollzog, ist mit voller Sicherheit nicht zu entscheiden; wahrscheinlich aber fällt diese Heirat erst in die Zeit der Krönung

---

Während in Ungarn schon PAULER erkannt hatte, daß Aschericus oder Ascricus — denn dies sind die Formen, von denen wir nach unserer Überlieferung auszugehen haben — ein deutscher Name ist, und ihm MELICH (*Szláv jövevényszavaink*, Bpest. 1905, S. 137) und andere darin gefolgt sind — hielten ihn gerade die deutschen Forscher einstimmig für einen Tschechen. Ich glaube nicht einmal, daß der Name überhaupt aus dem Tschechischen erklärt werden kann, denn die bloße Gleichsetzung der Namen *Astic* und *Anastasius* in den tschechischen Lexicis beweist gar nichts.

[1]) Im ersten Kapitel der *Passio Adalberti episcopi Pragensis* aus den ersten Jahrzehnten des 11. Jahrhunderts, das wahrscheinlich aus einer verlorenen, umfangreichen Biographie zusammengezogen ist (vgl. die Vorrede des Herausgebers), heißt es (*SS.* XV, 706, 22): (Adalbertus) ad Mestris . . . coenobium . . . construxit . . . Aschricumque abbatem eos ad regendum constituit, qui postea archiepiscopus ad Sobottin consecratus est. Davon, daß der Abt wirklich in Meseritz eingetroffen ist, wird nichts gesagt. Vielleicht gab der ursprüngliche Text nähere Angaben. — Kaindl sucht alle Schwierigkeiten dadurch zu umgehen, daß er gleichzeitig in Ungarn zwei Geistliche mit dem Namen „*Astrik*" annimmt, die beide zu Adalbert in näheren Beziehungen gestanden haben, ein Verfahren, das bei der verhältnismäßigen Seltenheit des Namens immerhin bedenklich erscheint. Was *Sobottin* bedeutet, ist nicht festzustellen. Das Kunststück, das KARÁCSONYI a. a. O. (*Szdz.* 1892, S. 210) auszuführen sucht, die Formen *Sobottin* und *Colocinensis* in lautliche Übereinstimmung zu bringen, ist als mißlungen zu betrachten.

[2]) *SS.* IV, S. 607, 31: Ipse tamen iam erat monachus.

[3]) Bei Karácsonyi, *Die Urk. St.*, S. 147: consensu domni Anastasii abbatis de monasterio s. Martini.

[4]) *SS.* XI, S. 232, 33 und die Interpolation (?) der Stiftungsurkunde für Pécsvárad, Karácsonyi a. a. O. S. 84. Vgl. unten S. 48.

[5]) *SS.* IV, S. 607, 28: Ipse autem venire non potuit et ut homo noluit. Aus den folgenden Worten geht deutlich hervor, daß Bruno selbst den Ascherich gesprochen hat, und daß dieser den Adalbert nicht wieder sah. Weiteres über den Ascherich siehe unten S. 46 ff.

Stephans im Jahre 1001. Viele Historiker glauben allerdings[1]), daß Geisas Tod und kurz zuvor die Vermählung Stephans mit Gisela in das Jahr 995 fallen, hauptsächlich mit Berufung auf Hermanns von Reichenau Angabe zu diesem Jahre. Hermann berichtet aber an dieser Stelle nur den Tod Heinrichs des Zänkers und die Übernahme der Herrschaft in B a y e r n durch dessen Sohn. Daran knüpft er dann, ohne nähere Zeitangabe, gleichsam als Exkurs, daß die Schwester des neuen Herzogs, die mit dem Ungarnkönig vermählt wurde, als er sich bekehrte, in Ungarn im Ausüben guter Werke ergraute.[2]) Daß Stephan schon im Jahre 995 regierte und sich damals mit Gisela vermählte, kann man daraus durchaus nicht entnehmen[3]). Andererseits wird in der größeren Stephansvita[4]) ausdrücklich 997 als Todesjahr Geisas angegeben und richtig hinzugefügt, daß im selben Jahre Adalbert den Märtyrertod erlitt. Ein Grund, diese Angabe zu bezweifeln, liegt nicht vor. Nach derselben Quelle wurde Stephan im fünften Jahre nach dem Tode seines Vaters gekrönt. Da die Krönung, wie Karácsonyi wahrscheinlich gemacht hat[5]), im Jahre 1001 stattfand, kommen wir auch von hier aus für Geisas Tod auf das Jahr 997.[6])

Die Bedingung für diese Heirat mit der Schwester des Bayern-

---

[1]) So DÜMMLER: *Pilgrim* . . . ., S. 183 Anm. 1; BÜDINGER, *GÖ.*, S. 397; HUBER *GÖ.* I., S. 147; GIESEBRECHT, *GDKz.* I[5]., S. 738; KAINDL, *Beiträge* . . . . S. 68.

[2]) *SS.* V, S. 117,43.

[3]) Wattenbach scheint die Stelle richtig aufzufassen, denn er sagt, *SS.* XI, S. 206, Anm. 17: de tempore (der Vermählung) nihil constat. Die *Ann. Posonienses*, *SS.* XIX, S. 571 geben als Todesjahr Geisas 998 an. Da hier auch sonst der Tod vieler Herrscher um ein oder mehr Jahre zu spät gemeldet wird, kann auch dies Datum nicht maßgebend sein. Wenn die Zahl der Regierungsjahre Stephans in der Zusammenstellung am Schluß auf 44 angegeben ist, wird dies, wie so oft im Mittelalter, auf einem Rechenfehler beruhen. Dasselbe ist bei einem großen Teil der andern an dieser Stelle aufgeführten Regierungszeiten ebenfalls der Fall.

[4]) *SS.* XI, S. 232,2.

[5]) *Die Ukd. St. Stephans* . . . . S. 160—164.

[6]) Die Angabe, daß noch Geisa selbst die Verbindung seines Sohnes mit Gisela in die Wege geleitet habe, findet sich nur in der kleineren Lebensbeschreibung Stephans (*SS.* XI, S. 226, 35). Die *vita maior* dagegen erzählt die Vermählung nach der Krönung (*SS.* XI, S. 234, 7). Man stößt nun vielfach auf die Auffassung, als seien die Angaben der *vita minor* als der älteren Quelle ohne weiteres denen der *vita maior* vorzuziehen. In Wirklichkeit sind beide Quellen fast zur gleichen Zeit entstanden, nämlich um das Jahr 1100. Das geht daraus hervor, daß die *vita minor* von König Ladislaus I. bereits als von einem Toten spricht (S. 229, 30), die *vita maior* aber ebenfalls aus der Regierung König Kolomans stammt, da auf Befehl ebendieses Königs ein Bischof Hartwig ein neues Werk verfaßte, das beide Legenden miteinander verknüpft. In beiden Lebensbeschreibungen ist nach so langer Zeit natürlich viel Unrichtiges enthalten, zumal gerade der Verfasser der kleineren bemerkt, er schöpfe aus mündlichen Berichten: *SS.* XI, S. 226, 20: quod a fidelibus auditu didicit, recitat.

herzogs war der Bruch mit der Mischreligion, wie sie unter Geisa bestand, und der unzweideutige Anschluß an die römische Kirche. Die deutschen Chroniken haben von ihrem Standpunkt aus, der das laue Christentum Geisas als Heidentum einschätzt, recht, wenn sie erst hierin den eigentlichen Übertritt zum Christentum sehen und in Gisela die Ursache dafür.[1]) Die Zeit der Hochzeit wird dadurch bestimmt, daß in Hermanns von Reichenau Darstellung[2]) vorausgesetzt wird, daß Stephan zur Zeit der Werbung bereits selber Herrscher ist, und daß nach Rodulfus Glaber[3]) der (spätere) Kaiser Heinrich seine Schwester, und nicht Heinrich der Zänker seine Tochter dem „König" Stephan zur Frau gibt.

Der Beginn der kirchlichen Organisation des Landes, besonders die Gründung eines Erzbistums der Ungarn, fällt in die Zeit unmittelbar vor Stephans Krönung. Die Krönung selbst wird gleichfalls in Zusammenhang mit jener Heirat stehen: Die Urenkelin Heinrichs I., die nächste Verwandte des regierenden Kaisers, mußte auch äußerlich eine ihrer Familie entsprechende Stellung einnehmen. Kaiser Otto III. selbst scheint die Verhandlungen in dieser Angelegenheit geführt zu haben, denn bei Thietmar von Merseburg heißt es, daß auf seine Veranlassung Stephan (Waic), als er in seinem Reiche Bischofssitze errichtete, Krone und Segen empfing.[4]) Ademar von Savannes sagt infolgedessen geradezu, daß durch Otto III. die Ungarn samt ihrem Könige zum Christentum bekehrt wurden[5]), während erst die spätere Überlieferung diesen Ruhm dem Kaiser Heinrich II. als dem Bruder Giselas zuweist.[6])

Die Stellung Giselas in Ungarn. Deutsche Gäste in ihrem Gefolge.

Heiratsverbindungen zwischen deutschen Fürsten und den Beherrschern des benachbarten Ostens waren damals nichts Seltenes mehr. Zwei von den vier Gemahlinnen Herzog Boleslaus des Kühnen von

---

[1]) *Herim. Aug.*, *SS.* V, p. 117,43: cum se ad fidem Christi converteret etc. Ähnlich später *Ekkehard von Aura,* wenn dieser auch von jenen Verhältnissen keine klare Vorstellung hat. *Wiponis Gesta Chuonradi imperatoris*, Sch. v. 1915, p. 43,11: (Gisela) causa fuit christianitatis primum in gente Pannonica. Vgl. auch SS. XV, p. 967,6: ex pagano christicola factus.

[2]) *SS.* V, p. 117,43. [3]) III 1, *SS.* VII, p. 62,28.

[4]) *Thietm. Chr.* IV, 59, Sch. v. 1889, p. 97 oben.

[5]) *SS.* IV, p. 129,15f. Vgl. auch *SS.* IV, p. 8,12: Hungari christiani fiunt ab Ottone coacti. Auf die Jahreszahlen dieser Quelle ist nichts zu geben.

[6]) Die Bulle Eugens III., die die Heiligsprechung Heinrichs II. enthält, führt in der Begründung auch die Bekehrung König Stephans und ganz Ungarns durch diesen Kaiser an. Vgl. *SS.* IV, p. 810,9ff. Weiter ausgeführt wird dies dann von *Adalbert*, *SS.* IV, p. 810.

Polen, die erste und die letzte, waren Töchter deutscher Markgrafen.[1]) Sie standen dort jedoch nicht in dem Ansehen, das sie nach deutschen Begriffen beanspruchen konnten, und so beklagt sich Thietmar bitter über die Behandlung, die der Tochter Markgraf Ekkehards von Meißen am polnischen Hofe widerfuhr.[2]) — Giselas Stellung in Ungarn dagegen war durchaus ebenso bedeutend, wie sie es in den westlichen Ländern nur sein konnte. Wie in Deutschland erhielt sie durch Salbung und Krönung Anteil an der Regierung des Reichs.[3]) König und Königin nahmen gewisse Handlungen gemeinsam vor. Auf einer Casula, die Stephan dem Papst übersandte, steht in Goldbuchstaben die Inschrift: Stephan, König der Ungarn und Gisla, seine geliebte Gemahlin, schicken dem Papst Johannes dies als Geschenk.[4]) Eine ähnliche Inschrift trägt eine andere, der Marienkirche zu Stuhlweißenburg geschenkte Casula aus dem Jahre 1031.[5])

Wie es im Mittelalter bei Heiratsverbindungen zwischen Fürsten verschiedener Länder gewöhnlich geschah, so war auch Gisela in Ungarn von einem zahlreichen Gefolge ihrer Landsleute umgeben, die auf die Leitung des Landes einen maßgebenden Einfluß ausübten. Die Erinnerung daran war in Ungarn noch im späteren Mittelalter lebendig, als unter Gertrud von Andechs, der ersten Gemahlin Andreas II., sich ähnliche Verhältnisse herausbildeten. Den Haß gewisser Teile des ungarischen Adels gegen die deutsche Königin und ihr Gefolge, der schließlich zur Ermordung Gertruds führte, übertragen die in ihren Überarbeitungen zum Teil auf jene Zeit zurückgehenden ungarischen Chroniken[6]) auf Gisela und ihre Begleiter.

Auch in dem andern Teil des ungarischen Adels jener Zeit, dem der Haß gegen die Deutschen fern lag, weil er selbst aus Einwanderern hervorgegangen war, blieb die Erinnerung an die Herbeiziehung von Ausländern zur Zeit der Begründung des Königtums erhalten: Mehrere Geschlechter, die im 13. Jh. eine bedeutende Rolle in Ungarn spielten, leiten ihre Herkunft von vornehmen deutschen Einwanderen her, die damals oder gar schon unter Herzog Geisa nach Ungarn gekommen sein sollen. Man darf nun nicht vergessen, daß die Quelle, die uns hiervon berichtet — ein in die Geschichte der Landnahme eingelegter Exkurs über die 7 Häuptlinge (*capitanei*), die von ihnen abstammen-

---

1) *Thietm.* IV, 58, p. 96 und IX, 1, p. 239.

2) A. a. O. p. 239.

3) *Stephani vita maior, SS.* XI, p. 254, 9.

4) *SS.* XI, p. 238, Anm. 43.

5) *SS.* XI, p. 235, Anm. 38.

6) Die endgültige Fassung erfolgte zwar erst später, doch schon *Alberich von Trois Fontaines* kennt um die Mitte des 13. Jh.s die gegen Gisela gerichteten Erzählungen: *SS.* XXIII, p. 779, 29: sed illa Gisla regina, ut (Hungari) dicunt multas malitias in terra illa fecit et ad extremum post mortem sancti regis meritis exigentibus, interfecta fuit.

den Geschlechter und die vornehmen eingewanderten Familien[1]) —, aus dem 13. Jh. stammt und vollkommen den Stempel ihrer Zeit trägt, sodaß man ihre Angaben, die sich vielfach selbst widerlegen, nicht für historisch halten kann. Aber die Familientraditionen der einzelnen Geschlechter im 13. Jh., denen in den meisten Fällen wenigstens ein historischer Kern zugrunde liegen wird, wird sie ziemlich getreu wiedergeben.

Das Geschlecht der *Hederici* (Güssinger), das sich zuerst um die Mitte des 12. Jh.s in Ungarn nachweisen läßt, wird hier auf die Brüder WOLFGER und HEDERICH, Grafen von Homburg (?) zurückgeführt, die mit 300 Reisigen zur Zeit Geisas nach Ungarn gekommen sein sollen. In ähnlicher Weise soll das Geschlecht *Bobocha* auf einen Grafen TIBOLD von Fanberg oder Samberg zurückgehen, der gleichfalls noch unter Geisa nach Ungarn gekommen sein soll.[2]) Ebenso führten die Geschlechter *Ják* und *Hunt-Fazman* ihre Herkunft auf deutsche Heerführer Stephans des Heiligen zurück.[3]) Vom Geschlecht *Herrmanns* heißt es geradezu, daß es mit der Königin Gisela zusammen nach Ungarn kam, wobei indessen die anachronistische Nennung Nürnbergs als Herkunftsort erkennen läßt, wie wenig man im einzelnen solche Angaben für historische Tatsachen halten darf.[4]) Wenn Bürger die Gründung ihrer Stadt ganz besonders weit zurückverlegen wollten, so rühmten sie sich, wie in Szatmár-Németi unter König Andreas II. — natürlich zu Unrecht —, ihre Vorfahren seien schon unter dem Schutz Giselas ins Land gekommen.[5])

Sicherer bezeugt ist demgegenüber, daß sich eine deutsche Verwandte Giselas Namens AGATHE am ungarischen Hofe aufhielt. Sie wurde dort später die Gemahlin des angelsächsischen Thronprätendenten EADWORD, der mit seinem Bruder als zweijähriges Kind im Jahre 1017 von König Kanut aus England vertrieben, ebenfalls am ungarischen Hofe lebte.[6]) Die Kinder des Paares kehrten im Jahre 1057 von Eadward dem Bekenner gerufen, nach England zurück.[7])

---

[1]) *Chron. Dubnic.*, *Flor.* III, p. 29—37. *Simon von Keza* setzt den 2. Teil dieses Exkurses in etwas abgeänderter Gestalt als Anhang *„de nobilibus advenis"* an den Schluß seines Werkes. *Flor.* II., p. 93—97.

[2]) *Chron. Dubnic.*, *Flor.* III, p. 37,52 und *Keza*, *Fl.* II, p. 94,43.

[3]) *Flor.* III, 34,48. [4]) *Flor.* III, p. 36,49.

[5]) *Endl.*, p. 426: fidelibus nostris hospitibus de Zathmar Nemethi iuxta fluvium Zamos residentibus, qui se dicebant in fide domine regine Keysle ad Hungariam convenisse.

[6]) *Ann. Anglosax.*, *SS.* XIII, p. 115,13. *Florentinus Wigorn.*, *SS.* XIII, p. 125 unten, berichtet Ähnliches, nur ausführlicher, vorgreifend zum Jahre 1017.

[7]) *Ann. Anglosax.*, *SS.* XIII, p. 115. Vgl. J. R. GREEN: *The conquest of England.* London 1883. S. 556.

Das Heranziehen von abendländischen Geistlichen durch Stephan.

Das Vordringen des deutschen Einflusses in Ungarn läßt sich auch auf dem Gebiete des Urkundenwesens verfolgen. War hier noch bis in die Zeit kurz nach der Krönung der griechische Einfluß maßgebend gewesen[1]), so scheint jetzt mit Gisela oder bald nach ihr im Jahre 1002 ein Notar Kaiser Ottos III. (Heribert C.) nach Ungarn gekommen zu sein und dort die Bräuche der deutschen Kanzlei eingeführt zu haben.[2]) Auch sonst wird Stephan für den Aufbau seines Staates nach dem Muster der westlichen Länder, vor allem Deutschlands und des Fränkischen Reiches Karls des Großen, sich vornehmlich der Hilfe deutscher Geistlicher bedient haben, wie denn auch Beschlüsse der Mainzer Synode vom Jahre 847 wörtlich und Bestimmungen der *lex Baiuwariorum* zum Teil mit wörtlichen Anklängen in Stephans Gesetze aufgenommen worden sind[3]). Das beweist, daß deutsche Geistliche unter den Beratern Stephans eine hervorragende Rolle gespielt haben müssen; ging doch auch die Anregung zur Gründung der Bistümer von deutscher Seite aus.[4])

Anderseits aber darf man allerdings nicht verkennen, daß es nicht Deutsche allein waren, die von Stephan nach Ungarn gezogen wurden. Er bemühte sich vielmehr, Vertreter möglichst vieler Nationalitäten in seinem Lande zu vereinen. In den Ermahnungen an seinen Sohn[5]) fordert er diesen auf, die „Gäste" zu pflegen und in Ehren zu halten, damit sie lieber bei ihm als anderswo wohnten; denn „aus wievielen verschiedenen Ländern Gäste kommen, so viele verschiedene Sprachen und Gewohnheiten, Lehren (*documenta*) und Waffen bringen sie mit, die alle den Königshof schmücken und heben und die Anmaßung der Fremden in Schrecken setzen; denn ein Reich von nur einer Sprache und nur einer Sitte ist schwach und zerbrechlich." Für eine Zeit, in der solche Anschauungen herrschen, wird man übrigens von einem ent

---

1) Vgl. oben S. 45 f.

2) Vgl. H. Steinacker in der Besprechung von Kaindls *Studien zu den ung. Geschichtsquellen*: *MIöG.* 24 (1903), S. 139 Anm. 1 und H. Bresslau, *Internationale Beziehungen im Urkundenwesen des Mittelalters, Arch. f. Urkf.* 6, 1918, S. 42. Ferner: E. Szentpétery, *Szent István király pécsváradi és pécsi alapítólevele* (Die Stiftungsurkunde Stephans des Heil. für Pécsvárad und Fünfkirchen). Ért. a tört tud. köréböl XXIV, 10 (1918). Im übrigen vgl. über Heribert C: Bresslau, *Erläuterg. zu den Diplomen Heinrichs II.*, *N. Arch.* 20, S. 130 f.

3) Vgl. Felix Schiller, *Das erste ung. Gesetzbuch und das deutsche Recht*, Brunnerfestschrift 1910, S. 399—404, u. bes.: Emmerich Madzsar, *Die Gesetze stephans des Heiligen und die Lex Bajuvariorum*, eine Arbeit, die voraussichtlich demnächst in den *Ung. Jahrb.* erscheinen wird.

4) *Thietmari Chr.* IV, 59. Sch. v. 1887, p. 97 oben. 5) *Endl.* p. 95 f.

wickelten Nationalgefühl, das man vielfach gerade mit Bezug auf Ungarn gern in sie verlegt, kaum sprechen können.

Bei diesen Bemühungen, Fremde an sein Land zu ketten, kamen Stephan vor allem die Pilgerfahrten zum heiligen Grabe zustatten. Früher war der gewöhnliche Weg von Italien und Frankreich nach Palästina der Seeweg gewesen. Seit Stephans Anschluß an die abendländische Kirche wurde es die Donaustraße.[1]) Stephan selbst tat alles, was in seinen Kräften stand, um die Pilgerfahrten zu fördern: In Jerusalem stiftete er, jedenfalls zur Bewirtung der Pilger, ein Kloster[2]), in Konstantinopel eine Kirche[3]), und alle, die zur Pilgerfahrt nach Jerusalem sein Land durchzogen, erhielten von ihm reichliche Geschenke. Ein Schriftsteller des 11. Jahrhunderts, Rodulfus Glaber, behauptet geradezu, die Bewirtung und Beschenkung in Ungarn sei ein Hauptantrieb für viele Pilgerfahrten gewesen.[4])

Stephan bemühte sich, Geistliche, die auf diesem Wege sein Land durchzogen, wenn sie ihm geeignet erschienen, zum dauernden Verbleiben in Ungarn zu überreden. Auch der heilige Gerhard, später Bischof von Csanád, soll ursprünglich nur zum Zweck einer Pilgerfahrt nach Jerusalem von Venedig nach Ungarn gezogen sein, wo es dann dem König nach Anwendung von Gewalt gelang, ihn dauernd an sein Land zu fesseln.[5]) — Andere ausländische Geistliche kamen aus eigenem Antrieb direkt zu dem Zweck nach Ungarn, dort an Ort und Stelle für das Christentum zu wirken. So erzählt Bischof Maurus von Fünfkirchen, daß auf die Kunde von Stephans Verdiensten viele Kanoniker und Mönche aus andern Ländern wie zu einem Vater zu ihm strömten, aus keinem andern Grunde, als um dort zu dem Bekehrungswerke beizutragen, unter ihnen auch Zoerardus, der in Ungarn als Mönch den Namen Andreas erhielt, und sein Schüler Benediktus, beide aus dem Lande der Polen.[6])

Stephan selbst knüpfte Verbindungen mit den berühmtesten Klöstern des Abendlandes an, vor allem mit Cluny, dem geistigen Zentrum der Richtung, als deren Vertreter auch er sich erwies[7]), und

---

[1]) *Rodulfus Glaber* III, 1, *SS.* VII, p. 62, 30.

[2]) *St. Stephani vita minor, SS.* XI, p. 227, 22 und *v. major* p. 235, 14.

[3]) *V. maior,* p. 235, 39.

[4]) *SS.* VII, p. 62. Als Beispiel einer solchen Pilgerfahrt vornehmer französischer Geistlicher und Fürsten vgl. *Ademari hist.* lib. III, 65, *SS.* IV, p. 145, 32.

[5]) *S. Gerhardi leg. minor, AA. SS.*, Sept. VI, p. 722 C: placuit ei Dominicum visitare sepulcrum . . . . pervenit denique ad partes Pannoniae. . . . Quem ubi rex moribus disciplinarum documentis Christi bonum odorem fragare intellexit, clam dimissis suis itineris comitibus hunc solum invitum retinuit custodiamque adhibuit.

[6]) *Endl.* p. 134 und *Stephani vita minor, SS.* XI, p. 232, 29.

[7]) *SS.* IV, S. 634, 12 und *SS.* XV, S. 813, 20.

mit Monte Casino, von dessen Abt er sich Mönche für die Gründung eines neuen Klosters in Ungarn erbat, die allerdings erst nach seinem Tode dort eintrafen.[1])

Der Anteil der Deutschen an der Bekehrung Ungarns.

Obgleich aber die ungarische Geistlichkeit unter König Stephan sich auf diese Weise aus Vertretern fast aller Nationen des Abendlandes und keineswegs aus Deutschen allein zusammensetzte, ist es dennoch eine völlige Verkennung der Verhältnisse, wenn GIESEBRECHT einer verbreiteten Meinung folgend sagt[2]): „Stephan zeigte, wohl aus politischen Gründen, geringe Vorliebe für deutsche Missionare, während er böhmische und italienische Kleriker gern in sein Land zog." Die Tatsache, daß ein Teil der ungarischen Bezeichnungen für Dinge aus dem kirchlichen Begriffskreis ihrer Lautform nach durch südslawische Vermittlung aus Italien nach Ungarn gelangt ist[3]), auf die man vielleicht eine solche Behauptung stützen könnte, wenngleich Giesebrecht es noch nicht tun konnte, beweist gar nichts dafür, daß Slawen oder Italiener die Hauptrolle bei der Bekehrung der Ungarn spielten. Denn die Ungarn werden diese Lehnwörter schon lange vor ihrer Bekehrung von den in Oberungarn, Siebenbürgen und Teilen des alten Pannonien unter ihnen lebenden unterworfenen, aber dem Christentum treu gebliebenen Südslawen übernommen haben; denn Bezeichnungen für diese Dinge müssen sie schon in den nahezu 100 Jahren gehabt haben, die sie als Heiden in ihrem Lande verbrachten, zumal da die Aufnahme anderer, Begriffe des Christentums bezeichnender Lehnwörter aus dem Altbulgarischen schon in die Zeit vor der Landnahme verlegt wird. Man kann daher wohl zugeben, daß die Ungarn mit einem großen Teil der kirchlichen Begriffe durch die unterworfenen Südslawen hekannt gemacht wurden, wie Christ, Heide, Pfaffe, Abt, Altar, Kreuz, Taufe usw. Aber daraus folgt doch nicht, daß sie in erster Linie von diesen das Christentum übernommen haben. Die Mission selbst konnte nicht von der unterworfenen Bevölkerung in Angriff genommen werden, sondern nur vom Ausland, und vor allem nicht von einer in ihrer Volkssprache redenden Laienbevölkerung, sondern von lateinisch sprechenden Geistlichen, deren Heimatsprache für die Abgabe von Lehnwörtern an das Ungarische ja kaum in Betracht kommen konnte.[4])

---

[1]) *SS.* VII, p. 674, 32 ff. [2]) *GDKz.* II, 4. Aufl., S. 104.

[3]) Vgl. J. MELICH: *Szláv jövevényszavaink.* Bp. 1903 und 1905.

[4]) Daß die Missionierung Ungarns in der Hauptsache nicht von unten her vor sich ging, sondern systematisch von oben her betrieben wurde, zeigt das zähe Festhalten grade der unteren Volksschichten am Heidentum noch während des ganzen 11. Jhs. Vgl. unten S. 70—73.

Die Beziehungen der deutschen Geistlichkeit zu Ungarn. Das Erzbistum Gran.

Von irgendeinem politischen Gegensatz zwischen Stephan und seinem Schwager Heinrich II., durch den Giesebrecht seine These zu begründen sucht, kann keine Rede sein, und ebensowenig macht sich bei Stephan irgendwo eine Abneigung gegen die deutsche Geistlichkeit bemerkbar, die im Gegenteil durch die engsten Beziehungen mit Ungarn verknüpft war. — Als Bruno von Querfurt sich auf seine Missionsreise nach Osteuropa begab, verweilte er vorher längere Zeit am Hofe Stephans [1]), nicht deshalb, weil er in dessen Lande das Christentum predigen wollte — hier war seit der Gründung des ungarischen Erzbistums und der kirchlichen Organisation des Landes nicht der geeignete Platz für die Tätigkeit des „Metropoliten der Heiden" — sondern wohl deshalb, weil er Stephans Kampf gegen den Gylas und dessen noch halbheidnische „schwarze Ungarn" abwarten wollte, um dann deren Bekehrung in die Hand zu nehmen. Zwar er selbst zog schon vor Vollendung ihrer Unterwerfung und Bekehrung weiter über Rußland zu den Petschenegen; doch scheint er einige seiner Begleiter mit der Fortsetzung der Mission unter den schwarzen Ungarn beauftragt zu haben, die in kurzem ihre Aufgabe glücklich zu Ende führten. Denn in dem genannten Brief an Heinrich II.[2]) schreibt Bruno nach Schilderung seiner Erfolge bei den Petschenegen und Russen, er habe gehört, daß nun auch die Schwarzungarn Christen geworden seien, und fährt dann fort: „Haec omnia sola gloria Dei et optimi Petri; quantum ad me, nihil nisi peccatum, et hoc ipsum bonum perditum, nisi miserans Deus propter se faciat, augeat et addat." In diesen Worten liegt durchaus kein Eingeständnis des Mißerfolgs, wie man allgemein geglaubt hat, sondern Bruno rechnet im Gegenteil entsprechend seinen Anschauungen, in denen er, wie auch im Stil der Darstellung, auf das stärkste durch Augustin beeinflußt ist, seine Verdienste, zu denen nach dem Vorangegangenen auch die Bekehrung der Schwarzungarn gehört, nicht sich selbst, sondern Gott zu. Daß diese Bekehrung ebenso wie die ganze östliche und sogar nordische Mission jener Zeit von ihm ausging und von seinen Schülern betrieben wurde, zeigt auch der Ausdruck *nostri*, mit dem er die Missionare an der angeführten Stelle bezeichnet. Wenn er dagegen in seiner *Vita Quinque fratrum* [3]) gelegentlich seiner Reise zu den Schwarzungarn den Ausdruck *sinistro*

---

1) Vgl. Bruns Brief an König Heinrich II., abgedruckt von Giesebrecht, *GDKz. II,* 4. Aufl., S. 689: *cum moram facerem in terra Ungrorum . . . ubi diu frustra sedimus, Ungros dimisimus.* Das *frustra* besagt nicht, wie Büdinger und Giesebrecht wollen, daß Bruno in Ungarn mit seiner Mission keinen Erfolg hatte, sondern daß er dort vergeblich wartete.

2) *GDKz.*, II⁴, S. 690. 3) *SS.* XV, p. 726.

opere anwendet, so darf man dies keineswegs als Eingeständnis des Mißerfolges in der Mission deuten, sondern — die ganze Stelle gehört ja zu den Selbstanklagen wegen des Bruchs seines Versprechens den Gefährten gegenüber — als Klage über die Versäumnis des Martyriums, des Zieles seiner Tätigkeit, das er dadurch verschuldete, wie er selbst in den folgenden Sätzen andeutet.

Einer der ungarischen Bischöfe jener Zeit, der vielleicht noch von Stephan eingesetzt wurde, Bischof Liedwin von Bichar (das spätere Bistum Großwardein), stammte aus einem niederlothringischen Geschlecht der Gegend von Lüttich, also von der Grenze des deutschen und französischen Sprachgebiets, und hielt noch lange nach Stephans Tode die Verbindung mit seiner Heimat aufrecht.[1])

Von den Beziehungen deutscher Klöster zu Ungarn gibt die Reise des Regensburger Mönchs Arnold Zeugnis, der aus einem nicht näher bekannten Grunde von seinem Abt nach Ungarn gesandt wurde und bei dieser Gelegenheit drei Stunden lang den leibhaftigen Satan sah. Er wohnte sechs Wochen lang beim Erzbischof Anastasius (Ascherich) und komponierte dort einige Antiphonien und Responsorien zur Erinnerung an den heiligen Emmeram, die dann Anastasius seine Mönche und Kleriker einüben und am Tage des Heiligen in der Kirche singen ließ.[2])

Anastasius selbst war, wie bereits gesagt wurde[3]), wahrscheinlich ebenfalls ein Deutscher, wenn er auch einige Zeit dem Kreise Adalberts von Prag angehört hat. Solche Kreise, die sich um Männer bildeten, die im Rufe der Heiligkeit standen, darf man sich keineswegs auf die Nationalität dieses Heiligen beschränkt denken. So waren die Schüler des heiligen Romuald in Italien zum großen Teil deutscher Herkunft.[4]) — Auch wo uns Anastasius sonst in der Literatur jener Zeit entgegentritt, zeigt sich seine und der ungarischen Kirche enge Verbindung mit Deutschland. Im Jahre 1007 nimmt er an der Synode von Frankfurt teil und unterzeichnet dort zusammen mit den Bischöfen und Erzbischöfen des Reichs die Gründungsurkunde für das Bamberger Bistum.[5]) Ein andermal, im Mai 1012, finden wir ihn wieder in Deutschland. Es handelte sich um die Weihung der Altäre der Peterskirche in Bamberg, an der sich die Erzbischöfe von Köln, Trier, Mainz, Salzburg und Magdeburg, der Patriarch von Aquileja und der Erz-

---

[1]) *SS.* XV, S. 963, 33. Da Andreas a. a. O. „*noviter intronizatus*" genannt wird, als er Liedwin mit der Sorge um die Reliquien betraut (vgl. unten S. 105), so wird dieser zu den drei übriggebliebenen Bischöfen gehören, von denen nach den *Altaicher Annalen* Andreas nach dem Aufstande von 1046 gekrönt wurde.

[2]) *Arnoldus de s. Emmerammo, SS.* IV, p. 547, 31 und 563, 47.

[3]) Vgl. oben S. 48. [4]) *SS.* IV, p. 850, 4—12. Vgl. auch p. 854, 2.

[5]) *SS.* IV, p. 796, 49: Anastasius Ungrorum archiepiscopus interfui et suscripsi.

bischof der Ungarn beteiligten.[1]) Ascherich wird also geradezu als Glied der Geistlichkeit des Reiches betrachtet. Die Identität des Ascherich und Anastasius, die von HARTWICUS ausdrücklich betont wird, ist bestritten worden[2]), aber doch wohl zu Unrecht. An seine Person knüpft sich der alte Streit, ob er Erzbischof von Gran oder Kalocsa war, und welches der beiden Erzbistümer das ältere sei. Meiner Meinung nach gab es trotz der von Karácsonyi und Erdélyi geltend gemachten Argumente zu des Anastasius Zeiten nur ein einziges ungarisches Erzbistum. Andernfalls hätte er sich nicht selbst als *Ungarorum archiepiscopus* bezeichnen und von andern so genannt werden können.[3]) Die Deutung, die Erdélyi den Worten: *Anastasius Ungarorum archiepiscopus interfui etc.* zu geben versucht: „Ich, Anastasius, ein Erzbischof der Ungarn, war zugegen . . .“ ist unmöglich. Hätte es zwei Erzbistümer gegeben, so hätte Anastasius unbedingt seine Diözese näher bezeichnen müssen. Daß Gran sein Sitz war, wird zwar direkt erst in der größeren Stephansvita berichtet[4]); da aber Gran als der Sitz der Arpaden galt[5]), wird hier auch der kirchliche Mittelpunkt des Landes zu suchen sein. Bestätigt wird das dadurch, daß ARNOLD von Regensburg, der die Donau hinabfuhr, am dritten Tage nach seiner Rettung aus den Strudeln des Peinsteins „auf dem Boden Pannoniens“ landete[6]) und hier bis zur Erledigung seines Auftrages sechs Wochen lang von Anastasius beherbergt wurde, der demnach nur in Gran und nicht in Kalocsa gewohnt haben kann, da letzteres schwerlich in drei Tagen vom Peinstein aus zu erreichen ist und erst recht nicht der Bestimmungsort für die geheime Botschaft ARNOLDS an den König gewesen sein kann. Daß die Sätze der Legende Hartwigs, die im Gegensatz zu seiner übrigen Darstellung Ascherich als Bischof von Kalocsa bezeichnen[7]), spätere Interpolation sind, ist jetzt wohl allgemein anerkannt. Sicher bezeugt ist meines Wissens das Erzbistum Kalocsa erst für das Jahr 1050.[8]) Ein anderes Argument hat HEINRICH MARCZALI geltend zu machen versucht. Er schreibt[9]): „Sicher ist, daß auf jeden Fall zwei ungarische Erzbistümer bekannt waren“, und

[1]) JAFFÉ, *Bibl.* V, p. 481: Altare ante criptam consecravit Aschericus Ungarorum archiepiscopus.

[2]) ERDÉLYI, A Pannonhalmi Szent Benedekrend története I 1, S. 53 ff. Nach ihm war Anastasius Erzbischof von Gran, Ascherich von Kalocsa. Vgl. KARÁCSONYI, *Szdz.* 26 (1892), S. 23. Szentpétery a. a. O. S. 54 f. läßt die Frage offen.

[3]) Vgl. die beiden auf S. 46, Anm. 5 u. 6 zitierten Stellen.

[4]) Cui (sc. ecclesiae Strigoniensi) iam dictum venerabilem Ascricum abbatem praefecit.

[5]) *SS.* XI, p. 226, 30. [6]) *SS.* IV, p. 547, 44. [7]) *SS.* XI, p. 232, 16.

[8]) In der Bulle Papst Leos IX., *Gratias agimus, Migne, P. L.* 143, p. 668, C: . . . astantibus . . . . Georgio Colocensis ecclesiae archiepiscopo, und *Widrici miracula S. Gerardi, SS.* IV, S. 509 links, Z. 16.

[9]) *A m. n. tört.* I, S. 240.

gibt als Beleg dafür an: *Vita S. Romualdi,* Kap. 22 und 39. Hiervon beruht die Nennung des Kapitels 22 auf einem Irrtum, und im Kapitel 39 erfahren wir weiter nichts, als daß zwei Schüler Romualds, die diesen auf seine verunglückte Reise nach Ungarn begleiten sollten, später zu Erzbischöfen geweiht wurden; es handelt sich um ENGELBERT [1]) und GREGOR.[2]) Da jedoch die Reise Romualds nach Ungarn, die sicher nicht hier enden sollte, erst nach dem Jahre 1010 stattfand, und andererseits Ungarn schon zur Zeit Ottos III. in Bistümer eingeteilt worden war, ist es völlig ausgeschlossen, in diesen beiden nachmaligen „Erzbischöfen der Heiden", ein Titel, der stets verliehen wird, wenn eine abgegrenzte Diözese noch nicht besteht, sondern erst gewonnen werden soll, Metropoliten von Gran und Kalocsa zu sehen. —

Es bleibt noch die Erwähnung des Anastasius (*Astricus*) als Erzbischof von Kalocsa in der Urkunde für Pécsvárad aus dem Jahre 1015.[3]) Sowohl BRESSLAU [4]) wie auch die neuere ungarische Urkundenforschung, deren zum großen Teil mit den seinen übereinstimmende Ergebnisse ihm leider unzugänglich blieben, hatten erkannt, daß die Urkunde zum mindesten in stark veränderter Gestalt auf uns gekommen ist, vor allem das ganze Mittelstück ursprünglich nicht hineingehört. Über Breßlau hinausgehend hat dann E. SZENTPÉTERY den Nachweis geführt, daß die ganze Urkunde gefälscht ist. Breßlau hielt die übrigen Teile der Urkunde aus dem Grunde für echt, weil ein Teil der Formeln mit den echten Teilen der Urkunde für Martinsberg, ein anderer mit der Urkunde für Fünfkirchen übereinstimmt und eine Benutzung beider Urkunden bei einer etwaigen Fälschung überflüssig gewesen sei. Dieser Schluß steht auf schwachen Füßen, denn eine Benutzung von zwei verschiedenen Urkunden durch einen Fälscher ist durchaus nicht ohne Parallele. Szentpéterys Beweisführung wird durch dieses Argument nicht umgestoßen. Auf jeden Fall würde die Möglichkeit bestehen, die Nennung des „*Astricus*" zu den auch von Breßlau festgestellten späteren Interpolationen zu rechnen.[5])

---

[1]) Cap. 33 (!), *Migne, P. L.* 144, p. 984 C: (Ingelbertus), qui postmodum archiepiscopus in gentibus factus est..

[2]) Cap. 36 (!), *Migne, P. L.* 144, p. 987 B: hic autem Gregorius archiepiscopus in gentibus postmodum consecratus est.

[3]) KARÁCSONYI, *Die Urkd. K. Stephans. . . .* S. 84: per ministerium domini Astrici, Colocensis archiepiscopi et primi abbatis praescripti monasterii.

[4]) *Arch. f. Urkf.* 1918, S. 72 ff. Vgl. *Szentpétery,* Értek. a. tört. tud. köréből, Bd. 24, Nr. 10 (1918).

[5]) Aus der ganz unsinnigen sogenannten Recognitionszeile der Urkunde für Martinsberg (KARÁCS. S. 149): *Dominicus archiepiscopus vicecancerarius fecit,* darf keinerlei Folgerung gezogen werden. Breßlau bezeichnet sie (S. 73, Anm. 1) als „heillos verderbt". Ich glaube aber, daß sie auf freier Erfindung des Fälschers beruht, der den Dominicus auch innerhalb seiner großen Interpolation in der Mitte der Urkunde nennt (S. 147, § 9 u. 10 bei Kar.). Ganz ähnlich lauten ja

Im Böhmerwald führte der heilige GÜNTHER, ein Deutscher aus vornehmem thüringischen Geschlecht[1]), ein Einsiedlerleben. Als Stephan von ihm Kunde erhielt, lud er ihn ein, an seinen Hof zu kommen und empfing ihn dort wiederholt mit großer Freigebigkeit.[2]) Die Legende des Heiligen weiß zu erzählen, daß einmal Stephan den Günther nötigen wollte, von einem gebratenen Pfau zu essen; Günther aber, der sich nach seinem Gelübde solcher Speisen enthalten mußte, flehte den Himmel um Rettung an. Plötzlich wurde der gebratene Pfau wieder lebendig, breitete die Flügel aus und flog davon.[3]) So viel jedenfalls ist sicher, daß Stephan den Günther in seiner Einsiedelei mit Kleidungsstücken und Lebensmitteln versorgen ließ.[4]) Auf Günthers Einfluß führte man die Gründung und Ausstattung des Klosters Bakonybél durch König Stephan zurück.[5])

Aus den angeführten Stellen dürfte zur Genüge hervorgehen, daß von einer Abneigung Stephans gegen deutsche Geistliche nicht die Rede sein kann, sondern daß diese vielmehr, wie die ungarische Kirche mit der deutschen auf das engste verknüpft erscheint, in Ungarn eine hervorragende Rolle gespielt haben.

Von den engen Beziehungen, die in politischer und persönlicher Hinsicht zwischen Stephan und seinem Schwager Heinrich II. bestanden, zeugt der Aufenthalt von Heinrichs Bruder BRUNO am ungarischen Königshof, der in dieselbe Zeit mit der Anwesenheit Bruns von Querfurt daselbst fällt.[6]) Als nämlich Bruno, der sich gegen seinen Bruder empört und zu dessen Feinde, dem Herzog BOLESLAW von Böhmen begeben hatte, sich wieder mit Heinrich versöhnen wollte, flüchtete er von Böhmen aus zunächst an den Hof seines Schwagers, wie denn auch sonst der ungarische Königshof Flüchtlingen aus den Nachbarländern stets offengestanden hat. Hier bat er Stephan und Gisela, sich für ihn bei König Heinrich zu verwenden.[7]) In der Tat brachten bald darauf ungarische Gesandte die Versöhnung zwischen den Brüdern zustande.[8])

---

auch die Schlußworte der allgemein als Fälschung anerkannten Urkunde für Bakonybél (Kar. S. 137): *Dominicus archiepiscopus vicecancerarius pater est.* Auch in der oben angeführten Stelle der Urkunde für das Kloster Pécsvárad heißt es, daß diese zustandekam: *per ministrum Astrici Colocensis archiepiscopi.* Auch in dem Ungarn Stephans des Heiligen darf man nicht, wie es in der Tat versucht worden ist, einem Erzbischof das Amt eines Vizekanzlers oder Notars zuschreiben, zumal wenn Heribert C. im Lande war.

[1]) *SS.* XI, p. 201, 34. [2]) *SS.* XI, p. 236, 1. [3]) *SS.* XI, p. 277, cap. 4 und 5.

[4]) *SS.* XI, p. 202, 35: Annona . . . a rege Ungarico . . . simul cum vestitu conquisita.

[5]) Vgl. SÖRÖS, *A pannonhalmi Szent-Benedek-rend története VIII,* S. 11 ff.

[6]) Brief Brunos an Heinrich II., GIESEBR. *GDKz.* II⁴, S. 689: Frater vester . . . episcopus Bruno, cum moram facerem in terra Ungarorum, dixit mihi . . . .

[7]) *Thietm. Chr.* VI, 2, p. 134; *SS.* IV, S. 691, Z. 21 und Z. 30.

[8]) *Thietm. Chr.* VI, 3, p. 135 (1004).

Der Anlaß zum Kriege des Jahres 1030.

Diese engen Beziehungen zwischen dem ungarischen und dem deutschen Herrscher hatten ein Ende, als nach dem Tode Heinrichs II. KONRAD II. zum deutschen König gewählt wurde. Als Bischof WERNER von Straßburg im Jahre 1028 mit zahlreicher Begleitung auf einer Gesandtschaftsreise nach Konstantinopel seinen Weg durch Ungarn nehmen wollte, glaubte er den Grund seiner Reise verheimlichen zu müssen und gab vor, nach Jerusalem pilgern zu wollen. Dennoch wurde ihm von Stephan, der den wahren Grund der Reise kannte und eine Störung seines guten Einvernehmens mit Byzanz[1]) befürchten mochte, der Durchweg verwehrt, und er mußte mit großen Gefahren und großem Zeitverlust von Venedig aus zur See reisen.[2])

Stephans Sohn HEINRICH — denn so und nicht *Emmerich*, wird er in den zeitgenössischen und den glaubwürdigen der späteren Quellen stets genannt[3]) — wird seinen Namen nach seinem Großvater Heinrich dem Zänker und seinem Oheim, Kaiser Heinrich II. erhalten haben. Kurz zuvor hatte auch Boleslaw der Kühne von Polen einem seiner Söhne nach dem damaligen deutschen Kaiser Otto III., „seinem geliebten Herrn", den Namen Otto gegeben.[4]) Man hat später behauptet, Stephan habe auf Grund dieser Verwandtschaft für seinen Sohn Erbansprüche auf Bayern erhoben.[5]) Es ist immerhin nicht ganz ausgeschlossen, daß diese Nachricht auf eine authentische Quelle zurückgeht, wenn man auch im allgemeinen den Sondernachrichten des Aventin wird skeptisch gegenüberstehen und vor allem die Versuche, eine gemeinsame Quelle für Aventin, die Altaicher Annalen und die ungarischen Chroniken nachzuweisen, aus der sie unabhängig voneinander geschöpft hätten[6]), wird man als gescheitert betrachten müssen.

---

[1]) *Fundatio eccl. s. Albani Namucensis, SS.* XV, p. 964, 8.

[2]) WIPO, *Gesta Chuonradi imp.*, cap. 22, Sch.[3], 1915, p. 41 f.

[3]) *Ann. Hildesh.*, Sch. 1878, p. 36 (1031): Heinricus, Stephani regis filius, dux Ruizorum; *Ann. Altah.*, Sch. 2. Aufl., 1891, p. 19 (1033): Heinricus; *Ann. Posonienses,* SS. XIX, p. 571, 27 (1051): Heinricus; *Stephani vita maior*: SS. XI, p. 238: pueri Heinrici; *Ladisl. decret. I,* 39, *Endl.* p. 332: (festivitas) sancti Heinrici.

[4]) *Thietm.* IV c. 58, p. 96: (filium), quem delecti sui senioris nomine pater vocavit; dazu IX, cap. 1, p. 239: . . . per filium suimet (sc. Bolizlavi) Ottonem.

[5]) *Aventinus,* ed. Riezler, Bd. III, p. 38, 18: Adsunt legati Stephani regis Ungrorum et Gisalae uxoris eius, Honorico filio horum regnum Baioariae, quod maiores, atavus, proavus, avus et avunculus tenuissent, iure hereditario a Chunrado repetunt. Vgl. dazu BRESSLAU, Jbb. Konrads II., Bd. I, S. 296.

[6]) So O. RADEMACHER, *Zur Kritik ungarischer Geschichtsquellen,* Forsch. z. deutschen Gesch. 25, S. 397—406; *Aventin und die ungarische Chronik,* Neues Archiv 12, S. 560 ff. Daß Aventin gelegentlich für seine Darstellung wertvolles Material verwandte, das er auf seinen Sammelreisen gefunden hatte, das aber inzwischen wieder verlorengegangen ist, zeigt die neuaufgefundene Salzburger

Der wahre Grund des Gegensatzes zwischen Deutschland und Ungarn in jener Zeit wird aber doch ein anderer gewesen sein. Seit der Neubegründung der bayrischen Ostmark hatten die Bayern allmählich immer mehr von dem seit dem Einbruch der Ungarn verödeten Grenzland neu besetzt und die dort noch vorhandenen Nachkommen der Besiedler der Karolingerzeit ihren früheren Herren wieder unterstellt, soweit diese ihre Ansprüche noch geltend zu machen vermochten, was besonders bei den Bistümern und Abteien der Fall war.

Vor Stephans Regierung hatten die ungarischen Grenzwächter, die von der Gyepülinie aus dies Gebiet durchstreiften, die neuen Ansiedlungen überfallen und zerstört, die Ansiedler getötet und dadurch das Vordringen der Deutschen behindert, so daß stellenweise bereits bebautes Land wieder der Verwilderung anheim fiel.[1]) — Solange dann die nahen Beziehungen Stephans zu Kaiser Heinrich II. bestanden, hielt Stephan seine Grenzwächter zurück, und die Wiederbelebung des Landes konnte schnell fortschreiten. Mit Konrad II. jedoch, dessen Charakter zu dem streng religiösen Wesen Stephans und Giselas in Gegensatz stand, und der von der Tochter der Liudolfinger als Emporkömmling betrachtet werden mochte, stand er in keinem näheren Verhältnis, zumal, da er sich auch durch dessen feindseliges Auftreten gegen seinen Schwager, den Dogen Otto Orseolo von Venedig verletzt fühlen mochte.[2]) Andererseits dehnte sich das vom Kaiser beanspruchte Gebiet jetzt bis an die March und Leitha aus[3]) und rückte so schon in bedenkliche Nähe des von den Ungarn besetzten Landes. Stephans Schwager, Bischof Bruno von Augsburg, der mit Konrad eng befreundet war[4]) und zwischen beiden hätte vermitteln können und es vielleicht auch getan hat, starb im Jahre 1029.[5])

Als sich nun um jene Zeit die Streitigkeiten zwischen den Ungarn und Bayern häuften, wird Stephan schließlich seinen Grenzwächtern die Erlaubnis gegeben haben, wie in der Zeit vor seiner Regierung die bayrischen Ansiedlungen auszuplündern und zu zerstören.[6]) Wenn Wipo in seinen „*Taten Konrads*" von einer Schuld der Bayern

---

Geschichtsquelle, die Aventins Nachricht von der Schlacht bei Preßburg im Jahre 907 bestätigt.

[1]) Vgl. die Urkunde Ottos III. für Passau vom 30. Sept. 985. *MG. DD.* II, 2 p. 420. Daß das Institut der Grenzwächter damals schon bestand, geht hervor aus *SS.* XI, p. 228, 32.

[2]) Vgl. Bresslau, *Jbb. Konr. II,* I, S. 295.

[3]) Vgl. *MG., DD.* IV, p. 36, 19, eine Urkunde, in der Konrad Schenkungen im Lande zwischen March und Donau macht.

[4]) Vgl. Bresslau, A. a. O., I, S. 269. [5]) *Wipo, G. Ch.,* Sch. p. 43.

[6]) *Herimanni Aug. Chron.* ad a. 1030, *SS.* V, p. 121: . . . iam dudum inimicitiis cum Stephano Ungariorum rege conflatis . . . .

an den Streitigkeiten an der Grenze spricht [1]), so wird diese eben in der immer weiter fortschreitenden Okkupierung des auch von den Ungarn beanspruchten Grenzlandes liegen, die gelegentlich auch zu Kämpfen geführt haben mag. Mehr wird man darin nicht sehen dürfen, denn Wipo scheint absichtlich den Bayern die Schuld zuzuschieben, um so das eigenmächtige Vorgehen des jungen Bayernherzogs beim Friedensschluß, für den er ja sein Werk verfaßt, rechtfertigen zu können. Der nochmalige ausdrückliche Hinweis auf das Stephan zugefügte Unrecht bei der Erzählung dieses Friedensschlusses selbst [2]) bestätigt diese Auffassung, ebenso wie auch der Umstand, daß er an einer andern Stelle (vgl. unten S. 54), wo dieser Grund nicht maßgebend ist, Konrad denjenigen sein läßt, dem Unrecht geschehen ist.[3])

Auch Marczali [4]) sieht den eigentlichen Anlaß zum Kriege in Grenzstreitigkeiten in Österreich, glaubt aber, daß Herzog Heinrich, der Sohn König Stephans, Erbansprüche auf Österreich erhoben habe.[5]) Er sieht nämlich in dem Land der *Ruizi*, als deren Herzog die Hildesheimer Jahrbücher Heinrich bezeichnen (ad a. 1031), Österreich, bzw. das „westliche Ungarn" östlich der Enns, indem er es mit dem *Rugiland* des Paulus Diakonus identifiziert. Von hier aus habe sich dann die Bezeichnung *Ruzia* über ganz Ungarn ausgedehnt, wie *Allemannia* über ganz Deutschland. Als Beweis führt er an, daß noch im zwölften Jahrhundert die Österreicher in Rußland als „*Ruzarii*" bezeichnet worden seien. Diese Konstruktion beruht indessen auf einem Irrtum. Denn Strahl [6]), auf den er sich beruft, nennt zwar Österreicher als anwesend in Kiew und setzt in Klammern *Ruzarii* dazu; aber in der Urkunde Herzog Ottokars vom Jahre 1191 [7]), auf die in letzter Linie diese Angabe zurückgeht, ist nur von *plaustra in Ruziam vel de Ruzia tendentia* die Rede, sodaß unter den *Ruzarii* wohl Rußlandfahrer aus Österreich verstanden werden können, aber nicht die Österreicher überhaupt. Die Bezeichnung *Ruzia* für Ungarn, an die auch Bresslau glaubt [8]), ist in keinem Falle mit Sicherheit nachzuweisen. Stets liegt

---

[1]) *Wipo, G. Ch.*, p. 44, 14: Eodem tempore multae dissensiones inter regem Pannonicum et Baioarios, culpa tamen Baiariorum, factae sunt, ita, ut Stephanus rex Ungarorum multas incursiones et praedas in regno Noricorum, id est Baioariorum faceret.

[2]) *Wipo G. Ch.*, Sch. 3. Aufl., p. 45: . . . patre nesciente gratiam reconciliationis annuit: iuste et sapienter agens, qui regem iniuste iniuriatum, ultro petentem gratiam, recepit in amicitiam.

[3]) p. 44, 22: iniuriam suam satis ulciscens. (Diese *iniuria* besteht offenbar in den ungarischen Verwüstungen auf deutschem Gebiet.)

[4]) *A. magyar n. tört.* I, S. 298 f.

[5]) *A. m. n. t.*, S. 302, Anm. 4 f.

[6]) *Gesch. d. russischen Staats* I, S. 449.

[7]) *Urkb. d. L. O. Enns* II, S. 432.

[8]) *Jbb. Konr. II.*, I, S. 101, Anm. 1.

entweder eine Verwechselung beider Länder vor, oder es ist wirklich Rußland gemeint.

Konrad II. verfolgt keine Eroberungspläne Ungarn gegenüber.

Konrad war nicht gewillt, die Plünderungen der Ungarn ruhig hinzunehmen: er wollte ein für allemal die friedliche Entwicklung der Ostmark sicherstellen, und dies konnte nur durch einen größeren Feldzug gegen Stephan geschehen. Eroberungsgelüste gegenüber dem ungarischen Reich oder Teilen desselben lagen ihm dabei ebenso wie im Grunde auch seinen Nachfolgern fern. Sein Ziel konnte der ganzen Sachlage nach kein anderes sein, als ein siegreicher Feldzug zur Sicherung der Ostmark, bei deren Wiederbesetzung in den vorhergehenden Jahrzehnten es sich ebensowenig um eine eigentliche Eroberung gehandelt hatte. Denn von ungarischen Ansiedlungen ist in den Quellen jener Zeit in diesem ganzen Gebiet bis weit nach Ungarn hinein nirgends die Rede und auch in den zahlreichen späteren österreichischen Urkunden findet sich meines Wissens keine Spur von ungarischen Ortsnamen, während doch in den von Deutschen kolonisierten ehemals von Slawen bewohnten Gebieten noch jahrhundertelang Slawen erwähnt werden und die Ortsnamen bis auf den heutigen Tag ihren slawischen Ursprung verraten.

Eine Ausnahme bildet scheinbar das *Breve Chronicon Austriae Mellicense* [1]), das behauptet, in Melk habe vor der Eroberung durch Markgraf Leopold ein mächtiger Mann namens Gizo gesessen, in dem man den Herzog Geisa hat wiedererkennen wollen. Diese Angabe aber, die von Gombos als Beleg für eine ungarische Niederlassung in Melk verwertet wird [2]), war schon von Uhlirz in das Reich der Fabel verwiesen worden. [3]) Die von Vancsa, der auch, wie viele andere deutsche Historiker, gelegentlich von „deutschen Eroberungen" gegen Ungarn spricht [4]), angeführten Ortsnamen *Ungarstein*, *Ungarbach*, *Ungarberg* und *Ungerndorf* [5]) beweisen für alte ungarische Ansiedlungen ebensowenig *wie Ungerhausen und Ungarthal* in Bayern, *Ungersberg* und *Ungersheim* im Elsaß, *Ungerschütz* in Oberschlesien und andere mit *Unger* zusammengesetzte deutsche Ortsnamen. [6]) Es kann sich hierbei

---

1) *SS.* XXIV, p. 70, 34.   2) Vgl. unten S. 54, Anm. 1.

3) *Jbb. Ottos II.*, Excurs V, S. 237 ff.   4) So S. 213 und 245.

5) *G. N. u. O. Öst.* I, S. 239. Ähnlich Lumtzer (*Quellen u. Forsch. z. Gesch. Österr.* VI, S. 3: „Wie weit einst die Ungarn westwärts vorgedrungen sind (vgl. *Umlauft* a. a. O. VIII), dafür liefern Namen wie Ungerndorf (zweimal) in Steiermark, Ungerbach in Niederösterr., Ungerberg und Ungerring in Oberösterr. usw. noch heute redende Belege".

6) Vgl. Meyer, *Ortslexicon von Deutschland*, S. 990.

günstigenfalls wohl um Erinnerungen an ungarische Einfälle handeln, aber nicht um die Namen ungarischer Siedlungen.

F. Albin Gombos, der zuletzt über Konrads II. Feldzug vom Jahre 1030 gearbeitet hat[1]), glaubt nun in Verkennung der wirklichen Verhältnisse und in falscher Auffassung der Tatsache, daß Wipos Geschichtsschreibung einen höfischen Charakter trägt, daß Konrad, von Anfang an von Eroberungsplänen gegen Ungarn erfüllt, die durch das „langmütige Benehmen" der Ungarn in den letzten Jahrzehnten geweckt wurden, den Streit vom Zaune gebrochen habe. Die Bayern hätten die Feindseligkeiten auf den Wunsch Konrads eröffnet. Wenn Wipo das Gegenteil berichtet, so hat er sich eben „bedeutend geirrt". Der Beweis für Konrads Eroberungspläne soll in Wipos Worten liegen (p. 44, 22): Imperator tam munitum regnum fluviis et silvis intrare non valens, multis tamen praedationibus et incendiis circa terminos regni iniuriam suam (!) satis ulciscens reversus est, volens tempore opportuniore coepta sua peragere. Ich kann hierin keine Stelle entdecken, an der Wipo „offen von Konrads Eroberungsplänen spricht", denn daß die *coepta sua* auf weiter nichts als das vorhergehende „*intrare non valens*" gehen, liegt doch wohl auf der Hand.

Der Feldzug des Jahres 1030. Grenzfestsetzung.

Konrad zog also mit einem großen Heere gegen Ungarn zu Felde. — Das Ergebnis war ein vollständiger Mißerfolg. Stephan rückte den Deutschen nicht, wie diese es erwartet haben mochten, mit seinem Heere entgegen, sodaß die Entscheidung in einer Feldschlacht hätte herbeigeführt werden können — dazu fühlte er sich zu schwach — sondern ordnete, wie es seiner Sinnesart entsprach, in seinem ganzen Lande Gebet und Fasten an[2]) und verließ sich im übrigen auf seine Grenzschutzvorrichtungen und die Taktik, die auch späterhin fast allen deutschen Angriffen gegenüber zum Erfolge geführt hat, nämlich die Deutschen in der Grenzwildnis durch Hunger und die Belästigungen der beweglichen ungarischen Grenzreiter aufzureiben.

An eine einzige, zusammenhängende Linie von Grenzverhauen wird man auch in jener Zeit noch nicht denken dürfen, sondern an einen breiten, durch Sümpfe und Wälder unzugänglichen Gebietsstreifen, in dem nur die wenigen Zugangsstraßen durch stärkere Befestigungen an geeigneten Punkten gesperrt wurden. Ganz menschenleer kann indessen das Grenzland nicht gewesen sein, sondern hin und wieder muß

---

[1]) *Aus den ersten Jahrhunderten der ungarischen Gesch.* (ung.), Száz. 1911, S. 505.

[2]) *Wipo*, p. 44, 20. Die Darstellung, die Stephans größere Lebensbeschreibung von dem Feldzug gibt, ist, soweit sie über das auch aus deutschen Quellen Bekannte hinausgeht, ganz legendär und darf deshalb nicht herangezogen werden.

es auch hier Ansiedlungen — auch Dörfer mit Kirchen — gegeben haben, die Reste der karolingischen Besiedlung, deren Felder dann von Konrad II. ebenso wie später von Heinrich III. verwüstet wurden.[1])

Allmählich wurde hier das deutsche Heer durch Hunger aufgerieben, und Konrad konnte froh sein, ohne seine Mannschaften die Ostmark wieder zu erreichen. Die Reste des Heeres waren in Wien in die Gefangenschaft der Ungarn geraten. Von Bresslau[2]) und vielen andern ist die Stelle der Altaicher Annalen, die dies berichtet[3]), anscheinend mißverstanden worden, indem sie die Form *Vienni* als Nominativ ansehen. Die Nebensätze sollen aber gerade die Erklärung dafür geben, daß der König in solchem Zustande ohne Heer in Niederaltaich eintrifft: Nicht weil Wien genommen ist, sondern weil das von Hunger geschwächte Heer zu Wien gefangen genommen wurde. Bresslau behauptet, der Nominativ *Viennis* begegne nie; mir ist umgekehrt außer auf den historischen Atlanten die Nominativform *Vienni*, die als Singular zudem undenkbar ist, statt des gewöhnlichen *Vienna* nicht begegnet, wohl aber schreibt Otto von Freising in seinen „Taten Kaiser Friedrichs"[4]): *Hyenis* (*Viennis*), *quod olim a Romanis inhabitatum Favianis dicebatur.* Der ganzen Situation nach kann hiermit nur Wien gemeint sein (von der Leitha aus: *vicinum oppidum*), nicht Mautern, wie der Herausgeber vermutet, obgleich das römische *Favianis* in *Noricum Ripense*, also westlich des Wiener Waldes lag.[5]) Bei Otto von Freising handelt es sich eben nur um ein gelehrtes Spiel ohne feste Grundlage, ebenso wie in der absonderlichen Orthographie in *Hyenis*.

Konrad selbst plante zwar, den Krieg zu gelegenerer Zeit wiederaufzunehmen. Sein Sohn König Heinrich III. aber, der als Herzog von Bayern ein besonderes Interesse an der Sicherung des Landes haben mußte, ging auf eigene Faust und ohne Wissen seines Vaters einen Vertrag mit König Stephan ein, der seinerseits seiner ganzen Stellung in Ungarn nach den Streit möglichst bald beilegen wollte und zu diesem Zweck Gesandte an Heinrich III. und dessen Berater geschickt hatte. Das zuletzt von den Deutschen in Besitz genommene

---

[1]) *Wipo*, p. 44, 24. *H. A.*, p. 121, 10. [2]) *Jbb. Konrads II.*, I, S. 299.

[3]) *AA.* ad a. 1030, p. 18: Rediit autem de Ungaria sine militia et in nullo proficiens, inde quod exercitus fame periclitabatur et Vienni ab Ungris capiebatur.

[4]) Sch.[3], 1912, p. 53.

[5]) Vgl. Ihms Artikel *Fafiana* bei Pauly-Wissowa, R.—E. VI. 2, S. 1966. Die seit dem 4. und 5. Jh. sehr gebräuchlichen Ortsnamen auf *-is* erklären sich als ursprüngliche Ablativformen des Plurals. Das Mittelalter faßt sie nicht selten als Nominative des Singulars. So bildet man von *Metis*, das gewöhnlich für alle casus in dieser Form erscheint, gelegentlich auch die Akkusativform *Metim*. Vgl. *SS.* XV, p. 692, 5: Metim pergebat; p. 1296, 37: Metim usque pertendunt; p. 1306, 25: Metim incendio concremaverunt.

Land zwischen Fischa und Leitha und ein entsprechendes Gebiet auf dem linken Donauufer mußte aufgegeben werden. [1]) Es ist das erstemal in der Geschichte der ungarisch-deutschen Beziehungen, daß eine bestimmte Grenze festgesetzt wurde. — Die Ungarn dagegen mußten wahrscheinlich die Gefangenen zurückgeben und in Zukunft auf ihre Plünderungen verzichten. Unter Stephans Regierung ist seitdem der Friede nicht mehr gestört worden.

Heranziehen von Kriegern aus dem Abendlande durch Stephan I.

Wir haben gesehen, daß Stephan einen offenen Kampf mit den Deutschen nicht wagen konnte. Daß die ungarischen leichten Reiter den Heeren des Auslandes nicht mehr gewachsen waren, sobald ein Zusammenstoß im offenen Felde erfolgte, hatten die Kämpfe um die Mitte des vorangegangenen Jahrhunderts bewiesen. Stephans Bestreben war daher von Anfang an darauf gerichtet, möglichst viel von der Kriegskunst des Abendlandes auf sein Reich zu übertragen. Um aber die neue Kampfesweise, die auch damals schon eine längere Übung erforderte, bei seinen Kriegern oder wenigstens einem Teil derselben einzuführen, war er auf die Hilfe von Ausländern angewiesen, und auch hier kamen, schon in Anbetracht der geographischen Lage, vor allem Deutsche in Betracht. Welchen Wert Stephan gerade auf den militärischen Nutzen legte, den diese „Gäste" dem Lande brachten, zeigt die schon angeführte Stelle in den Ermahnungen an seinen Sohn, er sollte sie in Ehren halten, weil sie „verschiedene Lehren und Waffen mit sich brächten".

Es ist schon oben darauf hingewiesen worden, daß nach der späteren Tradition mehrere deutsche adlige Herren unter Stephan und schon früher in Ungarn eingewandert sein sollen. Die Sage weist ihnen hier vornehmlich militärische Aufgaben zu. Hunt und Pazman erteilen dem jungen Stephan nach deutscher Sitte im Granflusse die Schwertleite und Wenzellin von Wasserburg oder Weißenburg führt den Oberbefehl über Stephans Heer im Kampf gegen den aufständischen Kupan. Davon allerdings, daß dieser sagenhafte Feldzug irgendwo als „Krieg zwischen Deutschen und Ungarn" bezeichnet wird, wie Kaindl meint, kann nicht die Rede sein. Kaindl hat nämlich mit den Worten [2]):

[1]) *AA.*[2], p. 33, ad. a 1043: partem regni retradere, quae quondam Stephano data fuerat causa amiciciae. *H. A.* ad a. 1043, *SS.* V, p. 124,20: regnique usque ad Litaha flumen partem accipiens. *Mon. Boica* XXIX,1, p. 104: . . . decimationem totius regionis in finibus Ungarorum gladio ab hostibus acquisitae . . . ex una parte Danubii inter Fiscaha, et Litaha, ex altera autem inter Strachtin (Tracht) et ostia Fiscaha usque in Maraha.

[2]) *GDKl.* II, S. 10. Denselben Irrtum siehe auch bei J. Szekfü, Der Staat Ungarn. Stuttgart u. Berlin 1918, S. 22.

„Eine in dieser Beziehung unverdächtige Urkunde bezeichnet diesen Aufstand geradezu als Krieg zwischen Deutschen und Ungarn", eine außer von ihm selbst allgemein zu den Interpolationen gerechnete Stelle der Martinsberger Urkunde im Auge [1]): Ingruente namque bellorum tempestate, qua inter Theotonicos et Ungaros seditio maxima excreverat, precipueque, cum civilis belli ruina urgerer .... Nicht einmal nach der Auffassung des Interpolators ist, wie das ein neues Ereignis einleitende *precipueque* zeigt, der „Krieg zwischen Deutschen und Ungarn" mit dem Aufstand Kupans zu identifizieren, sondern er verlegt offenbar den Krieg des Jahres 1030 in die ersten Regierungsjahre Stephans.

Neben solchen Elementen, die in die oberste gesellschaftliche Klasse des Landes eintraten, müssen schon damals größere Scharen von fremden Kriegern, d. h. Ministerialen (Rittern) aus dem Westen nach Ungarn gezogen sein, die dort in den Dienst nicht nur des Königs, sondern auch der ungarischen Großen (*seniores*) getreten sind. Schon in jener Zeit sind deutsche Ritter, denen es in der Heimat aus irgendeinem Grunde nicht mehr gefiel, gern über die Grenze gezogen und in den Dienst fremder Könige oder Herren getreten. Eine allbekannte Bestätigung dieser Tatsache führt uns der Dichter des Ruodlieb vor Augen, der sein Werk gerade damals, in der ersten Hälfte des 11. Jh.s verfaßt hat. [2]) Er läßt seinen Helden, als dessen Herren, denen er in der Heimat treu gedient hatte, ihre Versprechungen nicht erfüllten, sein Glück in der Fremde versuchen und dort in den Dienst eines Königs treten, der schon vorher Landsleute des Helden, wie den Jäger [3]), den er gleich an der Grenze trifft, an seinem Hof aufgenommen hatte. Ebenso wie der Jäger gelangt er dort bald zu großem Ansehen, leitet Gesandtschaften und soll zuletzt sogar an die Spitze einer Grafschaft treten, falls er im Lande bleiben will. Natürlich ist es dem Dichter gleichgültig, welches Land man unter diesem Königreich verstehen will, und er gibt daher dessen Bewohnern gelegentlich die gleichgültige und nichtssagende Bezeichnung *Afri.* [4]) Da er aber dem bayrischen Kloster Tegernsee entstammte und auch sonst die Deutschen, die ihr

---

[1]) Karácsonyi, *Sz. Istv. K. okl.* S. 147, § 7.

[2]) Eine genauere Fixierung ist meiner Meinung nach nicht möglich, da der Versuch, die Zusammenkunft Heinrichs II. mit Robert von Frankreich an der Maas zu diesem Zwecke heranzuziehen (Fr. Seiler in seiner Ausgabe des *Ruodlieb*, Halle 1882, S. 169) etwas gewagt ist; denn Ähnlichkeiten zwischen dieser Zusammenkunft und der in der Dichtung geschilderten (V, 1—221, *Seiler* S. 226—234 bestehen zwar, aber diese können gut aus dem in jener Zeit bei solchen Gelegenheiten allgemein üblichen Zeremoniell erklärt werden, ohne daß dem Dichter gerade jene Zusammenkunft vorgeschwebt zu haben braucht.

[3]) I 89, *Seiler* S. 206: . . . in hac terra mihi ceu tibimet peregrina.

[4]) XI, 42, *Seiler* S. 276.

Glück in der Fremde versuchen wollten, sich gewöhnlich nach Osten wandten, so ist es immerhin wahrscheinlich, daß ihm in seiner Darstellung die Verhältnisse des benachbarten Ungarn vorgeschwebt haben, dessen König Stephan den Zeitgenossen als das Ideal eines Herrschers galt.

Die Stellung der Gäste des Kriegerstandes unter Stephan I.

Die Gäste dieser Art erscheinen in Stephans Gesetzen als besondere Klasse unter den Kriegern (milites). Der 24. Artikel des ersten Buches der Gesetze Stephans[1]) lautet nämlich: Über Leute, welche die Gäste eines andern an sich ziehen. „Wenn jemand einen „Gast" wohlwollend aufnimmt und ihm anständigen Unterhalt gewährt, so soll der Gast, solange er nach der Abmachung unterhalten wird, seinen Brotgeber nicht verlassen, noch seine Stellung als Gast (*hospitalitas*) einem andern zuteil werden lassen."

Man hat gewöhnlich in den *hospites*, wie in der späteren Zeit Bürger, so in dieser ausschließlich Land bebauende Kolonisten verstehen wollen, die vom König oder von den Herren (*seniores*) zur Hebung des Ertrags auf ihre Besitzungen berufen wurden, wie sie uns zum Teil in den Gesetzen Ladislaus I. und Kolomans und in zahlreichen späteren Urkunden nicht nur in Ungarn, sondern auch in Böhmen entgegentreten. Vielleicht wirkte auf diese Anschauung ein, daß auch in den gefälschten Urkunden Stephans I. und in den Interpolationen der echten die Gäste in der Tat in einer solchen Stellung erscheinen.[2]) Timon z. B. kennt die Gäste der älteren Zeit überhaupt nur als solche Kolonisten, besonders auf den Burgländereien des Königs, und glaubt, daß aus diesen sich später die gleichfalls als *hospites* bezeichneten Bürger der Städte entwickelt haben. Auch Valentin Hóman vertritt im wesentlichen denselben Standpunkt, nur daß er in den *hospites* als den Ahnen der Stadtbürger von Anfang an eine Gewerbe und Handel treibende Bevölkerungsklasse sieht.[3]) L. Erdélyi dagegen hat, wie aus seinem Schema der Gesellschaftsklassen der Arpadenzeit hervorgeht, in dieser Frage eine richtigere Anschauung.[4])

---

[1]) *Endl.* p. 317.

[2]) So in der Urkunde für Martinsberg, Karácsonyi, S. 147,: vinumque hospitum, quod in prediis eorum excresceret . . . . .; für Bakonybél, ebd. S. 136; populus quoque eidem loco subiectus et omnes supervenientes hospites, qui ad eiusdem monasterii capellas, terras, praedia seu quascumque possessiones habitandi gratia accesserint . . . . . decimas suas . . . . dent, und öfter.

[3]) *A magyar városok az Árpádok korában* (Die ungarischen Städte in der Arpadenzeit.), Bp. 1908, S. 39—41. *A társadalmi osztályok Sz. István államában* (Die Gesellschaftsklassen im Staate Stephans des Heiligen) in der Békefifestschrift, Bp. 1912, S. 76.

[4]) *A társadalmi osztályok Szent István államában s a Békefi-Emlékkönyv* (Die

Es muß nämlich betont werden, daß das Wort *hospes* in den ungarischen Quellen überhaupt nicht auf eine bestimmte Klasse beschränkt ist, sondern von Anfang an alle Ausländer bezeichnet, die sich vorübergehend oder dauernd in Ungarn aufhalten, sowie deren Nachkommen, falls diese nicht im Ungartum aufgegangen sind. Dementsprechend ist in den Gesetzen LADISLAUS DES HEILIGEN sowohl von *hospites clerici* die Rede [1]) als von *hospites*, die als Pferdekäufer vorübergehend aus dem Ausland nach Ungarn kommen. [2]) Daß in dem wiederholt angeführten 6. Kapitel der Ermahnungen Stephans an seinen Sohn der Begriff der „Gäste" nicht auf einen bestimmten Stand, am wenigsten auf Kolonisten beschränkt ist, zeigt die Begründung: auch Rom sei durch Aufnahme von *nobiles* und *sapientes* groß geworden, sowie der Hinweis auf die Waffen, die sie ins Land bringen.

Unser Gesetzesartikel nun wird eingerahmt von Gesetzen, die sich mit Kriegern (*milites*) beschäftigen. Da aber die meisten Gesetzesartikel Stephans miteinander in einer inneren Verbindung stehen — Artikel 1—5 befassen sich mit der Stellung der Geistlichen, 6 und 7 mit dem Besitz der Untertanen und des Königs, 8—13 mit der Befolgung geistlicher Vorschriften, 14—16 mit Mord und Gewalttat usw., so werden auch die *hospites* des 24. Artikels in den Kreis der *milites* gehören, in Zusammenhang mit denen sie genannt werden.[3])

Die Stellung der Milites.

Die *milites* haben in jener Zeit in Ungarn im wesentlichen dieselbe Stellung wie gleichzeitig in Deutschland, wie das ja bei der bis zu einem gewissen Grade internationalen Stellung dieser Klasse natürlich ist. Wie in Deutschland erhalten sie Haus und Hof[4]) und empfangen für ihre Dienste vom Herrn besondere Geschenke [5]), die in Gold, Silber, Kostbarkeiten, Schmuck, Waffen, Pferden und dergleichen bestehen können. Ihre Abhängigkeit von ihrem Herrn bedeutete im allgemeinen keine Hörigkeit oder Unfreiheit — wenngleich es auch aus Hörigen

Gesellschaftsklassen im Staate Stephans des Heiligen und die Békefifestschrift.) Tört. Sz. 1913, S. 329.

1) Endl. p. 329, § 17. Vgl. unten S. 103f. 2) Endl. p. 339, 16.

3) Auch EMMERICH MADZSAR betont in der oben auf S. 42 Anm. 3 zitierten Arbeit, daß die Gesetze des ersten Buches, und zwar im Anschluß an die *lex Baiuwariorum*, nach Ständen geordnet sind, wenn diese Ordnung auch einmal durch die Voranstellung der Sklaven durchbrochen wird.

4) Endl., p. 320 unten: si vero miles quis c u r t e m vel d o m u m alterius militis invaserit.

5) *Endl.* p. 322, § 11: si quis autem militum suum spontaneum donum dicens sibi vi ablatum, mendax exstiterit, ex hoc careat et insuper tantundem solvat. *Ann. Alt.* ad a. 1042, p. 31: Mos namque est, milites donari felicibus praemiis, iste destitutus est ducatu donisque divinis.

hervorgegangene Krieger, die in dieser Stellung verblieben, gegeben haben wird — da ein besonderes Gesetz verbietet, daß ein Herr die Krieger eines andern diesem abspenstig macht und an sich zieht.[1]) Bei einer unfreien Lage der Mehrzahl der *milites* wäre ein solches besonderes Verbot überflüssig gewesen. Die Stellung der Gäste ist noch freier. Sie gehen, bevor sie in den Dienst eines Herrn treten, mit diesem einen bestimmten Vertrag ein (*propositum*), und nur für den Fall, daß der Herr diesen Vertrag hält, sollen auch sie ihn nicht ohne Grund verlassen.[2]) Bricht aber der Herr den Vertrag, indem er die versprochenen Geschenke nicht gibt, so steht es ihnen frei, anderswohin zu ziehen, in derselben Weise wie es auch den deutschen Anschauungen entspricht, da Ruodlieb den Dienst seiner undankbaren Herren ohne weiteres verläßt und auch später, als er im Dienst des fremden Königs steht und schließlich wieder nach Hause zurückkehren will, dies tun kann, ohne daß ihm irgendwelche Schwierigkeiten gemacht werden.

Die materielle Stellung der *milites* ist, ebenso wie es im Ruodlieb der Fall ist, hoch über derjenigen der Bauern (*vulgares*), da die Strafen für Vergehen, die in Geld oder Vieh gezahlt werden müssen, für sie das doppelte Maß dessen betragen, was die *vulgares* zu entrichten haben. — Man darf die *milites* jener Zeit darum aber doch nicht als „Adlige" betrachten, wie das vielfach geschieht; dazu sind sie erst in späteren Jahrhunderten geworden.[3]) Die vielfach zu beobachtende Neigung, die ganze ältere Arpadenzeit von Stephan dem Heiligen bis zur Goldenen Bulle des Andreas II. als wirtschafts- und rechtsgeschichtliche Einheit zu betrachten, in der am Anfang dieselben Zustände herrschen wie am Schluß und sich erst dann plötzlich ändern, ist durchaus unberechtigt. Daher dürfen auch nicht die *milites*, ebensowenig wie die *servientes* der Goldenen Bulle, als die ausschließlichen Nachkommen der ungarischen Gemeinfreien zur Zeit der Landnahme betrachtet werden, wie Timon und andere, so noch neuerdings Mar-

---

[1]) *Stephani decr.* I, 23, *Endl.* p. 317: De his, qui alterius milites sibi tollunt. Volumus, ut unusquisque senior suum habeat militem, nec aliquis alter illum suadeat antiquum deserere seniorem et ad se venire, inde enim litigium habet inicium. Artikel 25 verbietet nicht den milites, ihre Herren zu verlassen, sondern nur die Mißhandlung des Boten, der sie zur Rückkehr veranlassen soll. Die 65. Bestimmung der ersten Synode von Gran (*Endl.* p. 357) unterscheidet zwischen solchen Dienstleuten (*servientes*), die dem Herrn ohne seinen Willen nicht abspenstig gemacht werden dürfen und anderen. Nur auf erstere bezieht sich das Verbot, ihnen das Schreiben beizubringen.

[2]) *Steph. decr.* I. 24, *Endl.* p. 317: . . . quamdiu secundum propositum nutritur.

[3]) Den Adel der *milites* lehnt auch Valentin Hóman ab in seiner mir erst nachträglich bekannt gewordenen Arbeit: „Die Gesellschaftlichen Klassen im Staate Stephans des Heiligen" (ung.) im Békefiemlékkönyv, Budapest 1912, S. 71, Anm. 3.

czali[1]), das tun. Ihr Hauptargument ist dabei, daß das ungarische Wort für adlig, *nemes*, eine Ableitung des Wortes *nem* — Geschlecht ist. Der hieraus gezogene Schluß, folglich müsse *nemes* jeder Angehörige eines *nem* sein, d. h. eines der Geschlechter, in die zur Zeit der Landnahme die ganze Nation zerfallen sein soll, ist aber voreilig. Denn *nemes* bedeutet einfach „Mann von Geschlecht", d. h. Mann von vornehmem Geschlecht. Dasselbe Verhältnis liegt im Griechischen zwischen *γενναῖος* und *γενεά* vor, ohne daß darum derartige Theorien über den Ursprung des griechischen Adels aufgebaut worden wären.

Die Stellung der *vulgares*.

Die Abkömmlinge der Gemeinfreien der Landnahmezeit sind vielmehr in der Hauptsache — eine feste Schematisierung ist natürlich, wie überall in der Geschichte, so auch hier unzulässig — in jenen *vulgares* der Gesetze zu suchen, die übrigens, wie aus den für sie geltenden Strafbestimmungen — meist 5 Rinder — hervorgeht, ebenfalls nicht unbemittelt sein können, wie ja auch die deutschen Bauern, die im Ruodlieb eine Rolle spielen, durchaus wohlhabende Leute sind. Eigentliche Bauern in unserm Sinne sind unter den ungarischen *vulgares* in jener Zeit noch nicht zu verstehen. Sie betreiben in erster Linie nicht Ackerbau, sondern Viehzucht und wohnen zwar in Dörfern (*villae*), aber nicht in festen Häusern, sondern in beweglichen Hütten. Noch Otto von Freising spricht in der Mitte des 12. Jh.s davon, daß sie in Rohrhütten wohnten, im Sommer und Herbst aber gar nur in Zelten.[2]) Nur auf Grund dieses Zustandes ist eine Bestimmung der 2. Synode zu Gran zu verstehen, daß ein Dorf sich nicht allzuweit von seiner Kirche (als Bauwerk zu verstehen) entfernen dürfe.[3]) Nachkommen einer unterworfenen slawischen Bevölkerung aber können in diesen halbnomadischen *vulgares* deshalb nicht gesehen werden, weil die Slawen, wie Alphons Dopsch nachgewiesen hat, schon im 7. und 8. Jh. keine Halbnomaden mehr waren, noch viel weniger im 12. Jh., sondern Ackerbauer. Andererseits scheinen in weiten Gebieten gerade des ungarischen Tieflandes slawische Ortsnamen gänzlich zu fehlen.

Ebensowenig dürfen diese *vulgares* als Unfreie angesehen werden. Denn diese befanden sich damals in Ungarn in einer sozial sehr tiefen und völlig rechtlosen Stellung und werden als *servi* von allen anderen Bevölkerungsklassen unterschieden. Bestrebungen, die freien Bauern zu Hörigen zu machen, die sowohl von den Herren als den *milites*

---

[1]) In der „*Übersicht der Geschichte Ungarns*" in dem Sammelwerk „*Ungarn*", Budap. 1917, S. 127: „Die goldene Bulle ist ein Versuch der freien Kriegsmänner, aus denen der mittlere Adel hervorwuchs, als Nachkommen der Stämme, welche das Land erobert hatten, das Königtum wiederherzustellen."

[2]) *Gesta Frid.*, Sch. 2. Aufl., 1912, ad a. 1046. [3]) Endl. p. 374, § 13.

ausgingen, gab es freilich schon zur Zeit Stephans, so daß sie durch ein besonderes Gesetz dieses Königs davor geschützt werden mußten.[1])

Aus diesen *vulgares* nun haben sich, indem sie in den Dienst des Königs und der großen Herren traten, die *milites* emporgehoben. Ihr Vorbild und ihre Lehrmeister waren die aus dem Auslande, vor allem aus Deutschland eingewanderten *hospites*, die ihnen die ungewohnte Kampfesweise des Abendlandes beizubringen hatten. ERDÉLYI, der sich gleichfalls mit Recht gegen die Vorstellung wendet, als seien die *milites* nichts anderes als die Gesamtheit der freien Ungarn, verfällt in das entgegengesetzte Extrem, indem er sie für ausschließlich fremden Ursprungs ansieht.[2]) Gewiß werden auch die Gäste gewöhnlich zu den *milites* gerechnet worden sein und unter ihnen die führende Stellung eingenommen haben, aber der Umstand, daß Stephan zwischen beiden eine Scheidung macht, indem für beide ein besonderes Gesetz erlassen wird und hierbei eine kleine Differenzierung ihrer Stellung hervortritt, spricht doch dafür, daß beide nicht ganz identisch sein können.

III. Die Gäste in der Zeit der Thronwirren (1038—1081).

Das Verhältnis des Königs Peter zu den Deutschen.

Schon in den Ermahnungen Stephans an seinen Sohn, gleichgültig, ob diese von ihm selbst oder von einem Geistlichen in seinem Auftrag abgefaßt sind, kommt es zum Ausdruck, wieviel Stephan daran lag, für einen Nachfolger zu sorgen, der sein Werk nicht zerstören, sondern fortsetzen würde.[3]) Nach dem Tode seines Sohnes Heinrich im Jahre 1031 bestimmte er daher nicht den am nächsten berechtigten Sohn seines Bruders zum Nachfolger[4]), vielleicht weil dieser mit seinen Einrichtungen nicht einverstanden war[5]), sondern einen Ausländer, seinen Neffen PETER, den Sohn des Dogen Otto Orseoli von Venedig, und ließ ihn noch vor seinem Tode zum König krönen.[6])

Ein Hauptmotiv für diese Handlungsweise — und darin zeigt sich wieder die hervorragende Stellung, die Gisela an der Seite Stephans eingenommen hatte — war das, ihr auch nach seinem Tode diese Stellung möglichst zu bewahren. Peter und die anwesenden Großen

---

[1]) *Steph. decr.* I 22, Endl. p. 317.

[2]) *Fragen der Geschichte der ungarischen Gesellschaft der Arpadenzeit* (ung.), *Tört. Sz.* 1915, S. 485. Demgegenüber richtig K. TAGÁNYI, *Társadalomtud.* II.

[3]) *Endl.* p. 306, cap. 6, im Anschluß an die Forderung, die Gäste in Ehren zu halten, heißt es: *Si enim tu destruere, quod ego edificavi aut dissipare, quod ego congregavi studueris, sine dubio maxime tuum pacietur regnum.*

[4]) *AA.* ad a. 1041, p. 24: *filium fratris sui digniorem in regno.*

[5]) Vgl. über diese Vermutung BRESSLAU, *Jbb. Konrads* II., I, S. 315.

[6]) *AA.* ad a. 1041, p. 24: *ipso vivente in regno solidatus.*

mußten daher schwören, die Königin ehrerbietig zu behandeln, ihre Besitzungen nicht anzutasten und sie gegen jedermann zu schützen.[1]) — Die Folge aber bewies, daß Stephans Wahl gerade auf den Falschen gefallen war. Denn schon ein knappes Jahr nach dessen Tode beraubte Peter Gisela nicht nur der von Stephan geschenkten Landgüter, sondern auch des größten Teils ihres eigenen Besitzes und begann, sie wie eine Gefangene zu behandeln.[2]) Wie Gombos vermutet, mochte er befürchten, daß Gisela andernfalls ihre Besitztümer, die er, soweit sie aus Schenkungen Stephans bestanden, als königliches Eigentum betrachten mochte, vor ihrem Tode völlig zu frommen Stiftungen verwenden würde[3]), wie denn auch in der Tat noch zur Zeit König Kolomans allenthalben Geschenke Giselas an Kirchen und Klöster zu finden waren[4]) und zum Teil auch noch jetzt zu finden sind. — Im übrigen ist es bei Gombos's Arbeit zwar zu begrüßen, daß er sich gegen das Bild wendet, das die tendenziösen Erzählungen der ungarischen Chroniken von Peter zeichnen. Er geht aber mit seiner „Ehrenrettung" dieses Königs viel zu weit. Die unzweideutigen Ausdrücke auch der zeitgenössischen deutschen Schriftsteller lassen sich nicht hinweginterpretieren.

Auch abgesehen von der Beraubung Giselas verließ Peter alsbald die Bahnen seines großen Vorgängers. Er unterstützte den Aufstand Herzogs Bretislaws von Böhmen gegen Heinrich III. durch die Sendung eines Hilfsheeres[5]) und befahl seinen Grenzwächtern wieder, die deutschen Ansiedlungen in der Ostmark anzugreifen.[6]) Daß es sich nämlich damals um keinen größeren Feldzug, sondern nur um die gewöhnlichen Plünderungen untergeordneter Art handeln kann, geht daraus hervor, daß die Altaicher Annalen nichts davon erwähnen und sich auch später bei der Aufzählung der Vergehen Peters gegen Heinrich III.[7]) nicht darauf beziehen.

Als Grund für den Sturz Peters geben die ungarischen Chroniken an, er habe den Unwillen der Nation dadurch erregt, daß er alle wichtigen Ämter und Burgen des Reichs mit Deutschen oder Italienern besetzte und mit diesen zusammen die Ungarn auf schwerste bedrückte. Daß dies nicht richtig sein kann, zeigt Peters feindliches Auftreten nicht nur Deutschland gegenüber, sondern auch gegen Gisela und ihre Partei, zu der doch jedenfalls die meisten Gäste gehört haben werden.

---

[1]) *AA.* ad a. 1041, p. 24. [2]) *AA.* a. a. O.

[3]) *Aus den ersten Jahrhunderten unserer Geschichte,* Száz. 1911, S. 581. Der von Peter handelnde Teil der Arbeit ist auch deutsch veröffentlicht in *Ungarische Rundschau* 1912 S. 354—377.

[4]) *SS.* XI, p. 234,10.

[5]) Cosmas, *Chr. Bohem.*, *SS.* IX, p. 74,20; ad a. 1041, p. 25 unten.

[6]) *H. A.* ad a. 1039, *SS.* V, p. 123. [7]) Ad a. 1041 am Ende.

Gerade diese Partei ist es ja, die auf Anstiften Giselas Peters Sturz herbeiführte.[1] Daß Peter nicht nur Gisela gegenüber, sondern auch sonst sich viele Gewalttätigkeiten hat zuschulden kommen lassen, berichten auch gleichzeitige deutsche Quellen[2]; aber der Anstifter dazu ist kein Deutscher, sondern einer der einheimischen Großen namens Budo.[3]

Die Stellung Abas zum Christentum und zu den Gästen.

Zwar ging der Aufstand gegen Peter im Jahre 1041 von der Partei Giselas aus; derjenige aber, dem es schließlich gelang, die Herrschaft an sich zu reißen, der Graf Aba (Samuel), dachte ebensowenig wie Peter daran, Gisela ihr Recht zuteil werden zu lassen, sondern behielt die ihr entzogenen Besitzungen für sich.[4] — Von einer Erhebung gegen die Fremden oder von einem Rückfall ins Heidentum kann bei diesem Aufstand nicht die Rede sein. Nicht nur spricht keine Quelle von einem solchen[5], sondern das Verhalten Abas beweist gerade das Gegenteil. Er berief alsbald die Bischöfe und Großen des Landes, also das *consilium*, dessen Achtung Stephan seinem Sohne ans Herz gelegt hatte[6], und ließ die unrechtmäßig erlassenen Verfügungen Peters für ungültig erklären; nur zwei Bischöfe, die Peter gewaltsam abgesetzt hatte, und denen er ihr Bistum gern zurückgeben wollte, konnte er nicht wieder einsetzen, weil inzwischen für sie neue bestellt waren. Er stellte deshalb die Entscheidung hierüber dem Papste anheim.[7] Noch ganz am Ende seiner Herrschaft, in der Schlacht an

---

[1]) *AA.* ad a. 1041, p. 25 oben.

[2]) *Ann. Sang.* ad a. 1043, *SS.* I, p. 84 unten: Nam idem Petrus quamdiu regnavit in multis praevaricator exstitit. Das bezieht sich nicht, wie Gombos meint, auf seine Übergriffe gegen die Deutschen; denn die hatte Heinrich ihm nach derselben Quelle längst verziehen, so daß als das Ziel jenes Feldzuges ausdrückich Peters Wiedereinsetzung angegeben wird, sondern auf Rechtsverletzungen in seinem eigenen Land, derentwegen der Himmel seine Wiedereinsetzung noch nicht zuläßt. Ferner in der Broschüre Manegolds an Gebehard, *MG., Libelli de lite imp. et pont.* I, p. 364, 38: Petrum oppressorem, legum paternarum corruptorem. Ferner *AA.* ad a. 1041, p. 26 oben: . . . decreta . . . quae Petrus iniuste secundum libitum suum disposuit etc.

[3]) *AA.* ad a. 1041, p. 25: . . . Budonem, horum omnium malorum auctorem, cuius omnia fecerat consilio, quoniam ipse illius congruebat animo. . . . . eundem, . . . qui terrae suae et comprovincialium tractaverit perniciem.

[4]) *AA.* ad a. 143, p. 33: et reginae Gislae reddere cuncta, quae maritus eius idem Stephanus ei donaverat, que iste, sicut Petrus illi pridem abstulerat.

[5]) Aventins populär gehaltene, deutsch geschriebene „*Bayrische Chronik*" (*Werke*, ed. Riezler, V, S. 288, 15) kann nicht als Quelle gelten, zumal hier die Darstellung von der richtigen seiner mehr wissenschaftlich gehaltenen *Annales Boiorum* abweicht.

[6]) *Endl.* p. 306.

[7]) *AA.* ad a. 1041, p. 26 oben.

der Raab im Jahre 1044, finden wir in seinem Heere Bischöfe und Kapellane.[1])

Peter war zunächst zu seinem Schwager, dem Markgrafen Adalbert von Österreich, geflohen und hatte dann die Verzeihung Heinrichs III. erhalten, in dessen Gefolge er sich fortan aufhielt.[2]) Für Aba war dies ein hinreichender Grund, die Feindseligkeiten gegen Deutschland zu eröffnen, um durch kriegerische Lorbeeren seine Stellung in Ungarn zu festigen. Das Vertrauen auf die Grenzschutzeinrichtungen, die sich bei Konrads II. Zug vom Jahre 1030 so gut bewährt hatten, mochten ihn einen Vergeltungszug Heinrichs geringschätzen lassen.

Um die Deutschen mit seinem Überfall möglichst zu überraschen, ergriff er eine Maßregel, die bei den Neueren zum Teil Mißverständnisse hervorgerufen hat: Er ließ nämlich alle Gäste, die damals in sein Land gekommen waren, Kaufleute, Boten und selbst die Gesandten, die Heinrich III., um Gewißheit über Abas Absichten zu erlangen, nach Ungarn geschickt hatte, festhalten[3]) und so an der Rückkehr nach Deutschland vorläufig verhindern. Man darf nun natürlich diese Nachricht nicht auf die in Ungarn ansässigen *hospites* beziehen, von denen in den Gesetzen und auch sonst die Rede ist, sondern ausschließlich auf die Leute, die damals gerade auf dem Wege von Ungarn nach Deutschland begriffen waren (*qui advenerant*) und so die Österreicher von dem geplanten Überfall hätten in Kenntnis setzen können.

In der Tat wurden diese denn auch völlig überrascht, und der Überfall vom 15. Februar 1043 hatte wenigstens bei der Heeresabteilung, die Aba selbst befehligte, vollen Erfolg. Er beabsichtigte, diesen in der Weise auszunutzen, daß er sich zu Ostern zum König krönen ließ. Da er aber mit einer starken Opposition seines *consilium*, des „königlichen Rats", zu kämpfen hatte, lockte er seine Gegner in ein Haus, ließ sie dort festnehmen und pfählen.[4]) Wegen dieser Gewalttat weigerte sich Bischof Gerhard von Csanád, der zu Ostern aufgefordert wurde, den König zu krönen, dies zu tun, und griff ihn mit scharfen Worten an, so daß die übrigen Bischöfe die Krönung vornehmen mußten. Schon daß man sich mit der Aufforderung an den Italiener Gerhard wandte, und daß dieser dann trotz seiner Angriffe gegen Aba unbestraft blieb, zeigt, daß von einer Verfolgung der Fremden unter Aba nicht die Rede sein kann.

---

[1]) *AA.* ad a. 1041, p. 37: episcopi, capellani, principes aliique complures retrahuntur.

[2]) *Ann. Ottenburani, SS.* V, p. 6, ad a. 1043: Rex natale domini Goslarie celebrat cum Petro rege Ungarorum.

[3]) *AA.* ad a. 1042, p. 29.

[4]) *Vita minor S. Gerhardi, AA. SS.*, Sept., tom. VI, p. 728.

Die endgültige Festlegung der deutsch-ungarischen Grenze.

Während der zur Vergeltung des Überfalls von Heinrich III. unternommene Feldzug nur einen ganz vorübergehenden Erfolg erzielen konnte, kam es im nächsten Jahre zu einem Vertrag, in welchem sich Aba, der es einer drohenden Verschwörung in seinem eignen Lande wegen auf keinen Fall zum Kampf kommen lassen wollte, zu wichtigen Zugeständnissen, darunter zur Zahlung einer Kriegsentschädigung und zur Rückgabe des im Jahre 1031 an Stephan I. abgetretenen Gebietes bereit erklärte.[1]) Während er sich über die übrigen Bedingungen trotz seines Schwures hinweggesetzt zu haben scheint[2]), kam doch wenigstens die Rückgabe des strittigen Gebietes damals wirklich zustande. Damit wurde endgültig die Grenzlinie festgesetzt, die, abgesehen von vorübergehenden Änderungen und kleinen Verschiebungen Jahrhunderte hindurch bis zum Frieden von Trianon die Grenze zwischen Österreich und Ungarn gebildet hat.[3]) — Die Grenze gegen die Steiermark wird schon damals, wie später, ebenfalls von vorübergehenden Änderungen abgesehen, das ganze Mittelalter hindurch bis unmittelbar an die Schwelle der Gegenwart die Lafnitz gebildet haben, die auch dem anonymen Notar König Belas als der alte Grenzfluß zwischen Deutschen und Ungarn gegolten hat.[4]) Auch an den übrigen Stellen nördlich und südlich der Lafnitz wird die Grenze schon damals etwa den späteren Verhältnissen entsprechend verlaufen sein. Im Norden nämlich war Pütten um die Mitte des 11. Jh.s schon seit längerer Zeit eine der deutschen Grenzburgen gegen Ungarn.[5]) Viktor Hasenöhrl[6]) und Joseph Lampel[7]) sind der Meinung, daß erst Markgraf Gottfried das Gebiet und die Burg von Pütten von den Ungarn erobert habe. Wenn es nun auch ziemlich wahrscheinlich ist, daß nach Lampels Ver-

---

1) *AA.*, p. 33.

2) *AA.* ad a. 1044, p. 34: denuo non complendo. . . . quam sponsionem fecerat.

3) Über die Entwicklung der Leithagrenze im einzelnen vgl. Joseph Lampel: *Die Leithagrenze*, Bl. V. Lk. N-Öst. 33, 1899, S. 113—133; ein Aufsatz, der allerdings in manchen Punkten zu berichtigen ist.

4) *Mag. Belae notarii G. Hung.*, cap. 40. Flor. II, p. 41 unten: Quodam autem die, dum Hungari et Romani in confinio essent, Romani fugiendo latenter fluvium, qui est in confinio Pannoniae et Theotonicorum transnataverunt. Unde fluvius ille est vocatus Lopunsu. Über das Werk des Anonymus vgl. unten S. 116f.

5) *Vita Adalberonis epi. Wirzib.*, *SS.* XII, p. 130, 2. Daß es sich hierbei nicht, wie man vermutet hat, um Pettau handeln kann, geht daraus hervor, daß dies damals noch gar nicht zu Karentanenmark (Steiermark) gehört hat.

6) *Deutschlands südöstliche Marken im 10., 11. und 12. Jh.*, AKöG. 82, 1895, S. 488 oben, eine Arbeit, die gleichfalls manches nicht Annehmbare enthält.

7) *Über die Mark Pütten*, Bl. V. Lk. N-Öster. 22, 1888, S. 149.

mutung [1]) Gottfrieds Sieg über eine ungarische Streifschar im Jahre 1042 nicht, wie die Wiener Bilderchronik und mit Benutzung ihrer nicht erhaltenen Vorlage auch Keza und Aventin nach dem jetzigen Wortlaut anzugeben scheinen, bei Pettau, sondern weiter nördlich in der Gegend von Pütten stattgefunden hat, so ist hieraus doch in keiner Weise zu schließen, daß Pütten sich bis dahin im Besitz der Ungarn befand; auch war ja nach Adalberts Lebensbeschreibung Pütten schon „vor alter Zeit“ zum Schutz gegen die ungarischen Streifzüge erbaut worden. Privatbesitz der sogenannten Püttener Grafen — eine „Mark“ Pütten läßt sich übrigens, wie auch Lampel selbst halb und halb zugeben muß, nirgends nachweisen — hat es sogar auf ungarischem Boden gegeben.

Im Süden dagegen waren Reichenburg an der Sau und Pettau an der Drau alte deutsche Grenzburgen, von denen Pettau, das römische *Poetovio*, das in früheren Zeiten wiederholt zerstört worden war, bald nach 1131 von Erzbischof KONRAD von Salzburg nach langem Verfall erneuert wurde, während die Reichenburg erst seine Gründung zu sein scheint.[2]) — Diese Grenzgebiete der Steiermark blieben freilich lange Zeit hindurch wegen der ständigen, auch im Frieden hier nicht unterbrochenen Raubzüge, die meist von ungarischer, aber auch von deutscher Seite ausgingen, ziemlich verödet, bis im Jahre 1131 Erzbischof Konrad von Salzburg einen Vertrag mit den Ungarn zustande brachte, der diesem Grenzkriege ein Ende bereitete, und nun durch herbeigezogene Kolonisten das Land bald ebenso aufblühte, wie das benachbarte Österreich.[3])

Ungarn als Lehen des deutschen Königs.

Im nächsten Jahre kam die Verschwörung gegen Aba, die von der Partei Peters ausging und ihn schon lange bedrohte[4]), zum offenen Ausbruch, wurde aber blutig unterdrückt. Diejenigen, welche sich retten konnten, flohen nach Deutschland zu König Heinrich und forderten diesen auf, durch einen neuen Feldzug Aba zu vertreiben und Peter wieder zum König einzusetzen, obgleich Aba nicht so unrecht haben dürfte, wenn er behauptet, gerade sie seien es gewesen, die früher, nämlich unter der Regierung Peters, zuerst gegen die Deutschen gehetzt hätten.[5]) Aba, der seine Stellung jetzt für gesicherter ansehen mochte, hatte die Bedingungen des Friedens von 1043 nicht erfüllt[6]), und so ging Heinrich auf die Forderungen der Flüchtlinge ein.

---

[1]) A. a. O. S. 148. [2]) *SS.* XI, p. 75,6. [3]) *SS.* XI, p. 73,47 und p. 74,22.

[4]) *AA.* ad a. 1044. p. 34: quae iam diu in abditis fuerat conflata.

[5]) *AA.* ad a. 1044, p. 35: eos . . . primos incentores adversus nostrates fuisse. Vgl. unten S. 70 u. 71.

[6]) *HA.*, *SS.* V, p. 124,38: Ovo rex, cum ius iurandum pactumque infregisset.

Da aber in Deutschland in diesem Jahre infolge einer Mißernte Hungersnot herrschte, waren die Fürsten gegen einen Reichskrieg, und so mußte er sich auf das Aufgebot der Herzöge von Bayern und Böhmen, die ein besonderes Interesse an den ungarischen Verhältnissen hatten, und seine ihm unmittelbar unterstehenden Leute beschränken.[1]) — Mit Hilfe der Gegend kundiger Anhänger Peters gelang es ihm, die künstlichen Überschwemmungen und Schanzwerke[2]) an der Rabnitz zu umgehen und dann Abas Heer in einer Feldschlacht östlich der Raab völlig zu vernichten. Die Folge davon war, daß Peter, der schon vor dem Feldzuge dem deutschen König den Lehnseid geleistet hatte[3]), mit einem Schlage wieder unbestrittener König in Ungarn wurde. In Stuhlweißenburg, das von den Altaicher Jahrbüchern bereits mit dem deutschen Namen *Wizenburg* bezeichnet wird, bekleidete Heinrich den Peter mit den Insignien der königlichen Gewalt und führte ihn mit eigener Hand auf den Thron.

Ungarn war hiermit tatsächlich ein Lehen des deutschen Königs geworden. Das hatte zugleich eine gewaltige Steigerung des deutschen Einflusses und des deutschen Elementes im Lande zur Folge. Auf die Bitte der ungarischen Großen, die Heinrich offiziell mit Peter versöhnt hatte, gewährte er ihnen in Bayern gültige Verordnungen, bei welchen es sich wahrscheinlich um seine Landfriedensbestimmungen handelt.[4]) Denn daß unter den *scita Teutonica* der Altaicher Annalen[5]) und der *lex Baioarica* Herrmanns von Reichenau[6]) das unter dem Namen „*lex Baiuwariorum*" bekannte bayrische Volksrecht aus dem 8. Jh. zu verstehen ist, ist nach der Gesetzgebung Stephans, die sich ja schon selbst an das bayrische Gesetzbuch anlehnt[7]) und auf die allein auch die späteren Gesetzgebungen Bezug nehmen, unwahrscheinlich und widerspricht dem im Mittelalter, besonders in Deutschland allgemein herrschenden Grundsatz von der Personalität des Rechts.

Ferner wissen wir, daß Heinrich bei seiner Rückkehr nach Deutschland einen Teil seiner Mannschaften in Ungarn zurückließ.[8]) Sie sollten jedenfalls dort nicht nur vorübergehend bleiben, sondern dauernd den Schutz des Königs übernehmen und für die Aufrechterhaltung des von Heinrich geschaffenen Zustandes sorgen. Daß sie politisch min-

---

[1]) *AA.* p. 35.

[2]) *AA.* p. 35: iter stagnantibus aquis et machinis more illis solito interclusum.

[3]) *Ann. Corbeienses*, ad a. 1044, Jaffé, Bibl. I, p. 38 f: sibi per sacramentum. iam fidelem factum.

[4]) Vgl. GIESEBRECHT, *GDKZ.* II, 4. Aufl., Exkurs S. 686 gegen STEINDORFF, *Jbb. Heinrichs* III., I, S. 448 ff.

[5]) *AA.* p. 37: Illis autem petentibus concessit rex scita Teutonica.

[6]) *HA.* p. 125: Ungarios petentes lege Baioarica donavit.

[7]) Vgl. oben S. 42.

[8]) *AA.* p. 37: et relinquens illis suorum praesidia.

destens die gleichen Rechte hatten, wie der königliche Rat, beweist die Tatsache, daß die Hinrichtung Abas nach dem gemeinsamen Urteil der „Deutschen und Ungarn" erfolgte.[1])

Marczali meint, Peter habe sich im Jahre 1044 noch nicht als Vasall des deutschen Königs betrachtet und begründet das in folgender Weise[2]): „Der Ausdruck *„filium"* beweist, daß Peter damals sich noch nicht als Lehnsmann betrachtete, was im übrigen für das Jahr 1044 weder die Altaicher Annalen noch Herrmann von Reichenau von ihm berichtet haben, allein in den späteren *Annales Corbeienses* ist diese Angabe enthalten." Hiergegen spricht schon der Wortlaut der von Marczali selbst herangezogenen Stelle[3]): regis sui Petri Ungarici legati. Da ein Altersunterschied zwischen Heinrich III. und Peter kaum vorhanden war, wird man ferner den Ausdruck *ad filium suum* gerade für einen entgegengesetzten Schluß verwenden müssen, da im Mittelalter das Wort *filius* häufig gerade ein durch freundschaftlichen Verkehr gemildertes Abhängigkeitsverhältnis voraussetzt, wie im Ruodlieb ein junger Bauer von seinen Knechten „Vater" genannt wird und sie als seine Kinder anredet[4]), oder wie es in Ungarn eine Klasse von Burgmannen gab, die zuweilen als *filii sancti regis* und ähnlich bezeichnet werden[5]), oder auch wie in der *Constitutio de expeditione Romana* von *ecclesiarum filiis vel domesticis, id est ministerialibus* die Rede ist.[6]) Die *Annales Corbeienses* schließlich, die zum Jahre 1044 ausdrücklich angeben, daß Peter dem deutschen König schon vorher durch einen Treueid verpflichtet worden war, sind keineswegs eine spätere Quelle, sondern meist Jahr für Jahr etwa gleichzeitig mit den Ereignissen abgefaßt.[7])

Die Vorgänge des Jahres 1045 bilden nur die feierliche Bestätigung eines bereits bestehenden Zustandes, wodurch äußerlich der Schein gewahrt blieb, als begäbe sich Peter ganz aus freien Stücken in den Schutz der deutschen Lehnshoheit. Heinrich folgte nämlich einer Einladung Peters, das Pfingstfest bei ihm zu feiern, und wurde von diesem, wahrscheinlich in Gran[8]), mit großem Pomp empfangen. Am

---

[1]) *AA.* ad a. 1044, p. 37: communi iudicio nostrorum et suorum.

[2]) *A. m. n. tört.* II, S. 29, Anm. 1.

[3]) *AA.* ad a. 1045, p. 39.

[4]) VI 109, S. 256 der Ausg. von Seiler: (mox) famuli famule patrem suescunt vocitare. (Ille su)os liberos econtra nominat illos.

[5]) Vgl. Timon, *Ung. Verf. u. Rechtsgesch.* S. 145.

[6]) *MG. LL.* IV, *Constt.* I, p. 662,31.

[7]) Vgl. Jaffé's Bemerkungen, *Biblioth.* I, p. 31,3. Zu vergleichen ist ferner Wipo, Sch. v. 1915, p. 12,22 f, eine Stelle, die sich auf das Jahr 1044 bezieht.

[8]) Müller: *Das Itinerar Heinrichs III.*, S. 53 f., glaubt, die Zusammenkunft könne wegen der kurzen zur Verfügung stehenden Zeit höchstens in Preßburg stattgefunden haben, weil Heinrich sich am Himmelfahrtstage noch in Passau

Pfingstfeiertag fand in aller Form in Gegenwart der Ungarn und Deutschen die feierliche Belehnung Peters durch den deutschen König statt: Er übergab mit der heiligen Lanze an Heinrich die Herrschaft über Ungarn und erhielt diese dann als Lehen auf Lebenszeit zurück. Zugleich beschworen die ungarischen Großen Heinrich und seinen Nachfolgern die Treue.[1])

Der Aufstand des Jahres 1046 und die Gäste.

Obwohl Peter ursprünglich den Deutschen keineswegs freundlich gesinnt war, so war er doch jetzt in jeder Weise auf sie angewiesen, da die ihm von Heinrich überlassenen Deutschen, die anscheinend seine Leibwache bildeten — eine Aufgabe, die auch im 12. Jh. gerade den deutschen Gästen zufiel[2]) —, die einzige Stütze im Lande waren, auf die er sich verlassen konnte. Dies mußte in den ungarischen Großen, auch soweit sie Abas Gegner gewesen waren und Heinrich zu seinem Zuge nach Ungarn veranlaßt hatten, ein Gefühl der Zurücksetzung hervorrufen. Statt daß die politische Macht, wie sie gehofft hatten, nach dem Umsturz in ihre Hände gelangte, wurden die Deutschen bevorzugt, die sie als die Getreuen König Peters in der ersten Epoche von dessen Regierung bekämpft hatten. Dieser Stimmung entspricht das Bild, das die ungarischen Chroniken von dem König geben: Der Italiener Peter ist ihnen der „*Petrus Teutonicus*“, dem sich der Haß der Nation zuwendet.

Diesem Gegensatz gegen die Deutschen bei den Großen lief in den unteren Schichten eine Strömung gegen das Christentum parallel. Bei ihnen hatte, besonders in den erst später von Stephan gewonnenen östlichen Landesteilen, die neue Lehre noch nicht so tiefe Wurzeln schlagen können, daß sie vor Rückschlägen gesichert gewesen wäre.

aufhielt. Die ganze Art des Empfangs und die Bedeutung des Vorgangs machen es jedoch wahrscheinlich, daß sie nicht in dieser, damals noch wenig bedeutenden Burg erfolgte, die zudem erst vor drei Jahren von Heinrich zerstört (*HA*. ad a. 1042) und seitdem schwerlich schon wieder völlig aufgebaut worden war, sondern in einer der beiden Königsstädte Gran oder Stuhlweißenburg, wenn auch Aventin's Nachricht hierüber (*Werke* III, p. 58, 32) auf keiner besonderen Quelle, sondern auf eigener Vermutung beruhen wird. Es liegt durchaus nichts Unwahrscheinliches darin, daß Heinrich die Strecke von Passau nach Gran in 8—9 Tagen zurücklegte, da ausdrücklich berichtet wird (*AA*. p. 39), daß die Fahrt *citato curso* stattfand, und andrerseits gelangte der Mönch Arnold von St. Emmeram sogar in nur 3 Tagen von den Donaustrudeln in der Nähe von Persenbeug bis nach Gran (vgl. oben S. 46); donauabwärts muß eine Fahrt von über 100 km am Tag also wohl möglich gewesen sein. Davon, daß der Unfall in Persenbeug (*AA*. ad a. 1045, p. 40) eine „längere Unterbrechung“ verursachte, ist in unsern Quellen nichts enthalten.

[1]) *AA*. und *HA*. ad a. 1045.

[2]) Vgl. unten S. 121.

Gerade die Stellung der Geistlichen hatte Stephan besonders gehoben. Wie in den westlichen Staaten stand ihnen die Erhebung des Zehnten zu[1]), eine Einrichtung, die früher den Ungarn unbekannt gewesen war. Wer sich den Bischöfen widersetzte, wurde den königlichen Gerichten übergeben.[2]) Wer Sonntags nicht in die Kirche ging, wurde geprügelt und der Haare beraubt[3]), desgleichen, wer während des Gottesdienstes schwatzte oder nicht aufpaßte[4]) usw. Es ist erklärlich, daß diese Einrichtungen dem Volke lästig waren und das Christentum vielfach verhaßt machten.

Der Aufstand ging indessen nicht von diesen Kreisen aus, ebensowenig wie im Jahre 1041, sondern von den Großen. Es wird richtig sein, wenn die Altaicher Annalen berichten, daß unter den Großen gerade die Anhänger und vertrauten Freunde Peters, die Tag und Nacht mit ihm verkehrten[5]), die Verschwörung gegen ihn anzettelten, die zu seinem Sturz führte. Denn wie Aba im Jahre 1044 Heinrich III. gegenüber hervorgehoben hatte, waren sie schon früher die eigentlichen Feinde der Deutschen, durch die sie sich jetzt in ihrem eigenen Lande zurückgesetzt sehen mußten.

Als auf ihre Aufforderung hin der Arpade Andreas mit einem großen Söldnerheer aus dem Ausland, nach späteren Quellen aus Polen, in Ungarn einrückte, eilten sie ihm mit ihren Kriegern entgegen und schlossen sich ihm an.[6]) Gleichzeitig machten sie die dem Christentum feindliche Stimmung der Menge ihren Zwecken dienstbar und ließen deren Wüten freies Spiel.[7]) Auf seiten Peters stand nur die deutsche Schutzwache, die zum großen Teil im Kampfe für ihn fiel[8]), ferner ein Teil der ungarischen Großen, von denen ein Graf Zaunic (Zonug)[9]) unter Martern getötet wurde, und der größte Teil der Geistlichkeit.

Nach dem Untergang seiner Getreuen wurde Peter und seiner Gattin von einer Schar aufständischer Heiden eine Falle gestellt und nach vielen Gewalttätigkeiten Peter des Augenlichtes beraubt und ihm dadurch die Möglichkeit, noch einmal eine politische Rolle zu spielen,

---

1) *Steph. decr.* II, 18, Endl. p. 323.
2) *Steph. decr.* I, 13, Endl. p. 314.
3) *Steph. decr.* I, 9, Endl. p. 314.
4) *Steph. decr.* I, 19, Endl. p. 316.

5) *AA.* ad a. 1046: Nam principes eius et familiares die noctuque cum illo conversantes.

6) *AA.* ad a. 1046, p. 42, 43.

7) *AA.* a. a. O.: pagani et ignominiosi, quibus concessum erat propria voluntate uti.

8) *HA.* p. 126,7: multis advenarum, qui pro eo pugnaverant, occisis.

9) Nach Marczali's Vermutung, *A m. n. tört.* II, S. 44, Anm. 1, handelt es sich um keinen Personennamen, sondern um den Grafen des Komitats Szolnok an der mittleren Theiß.

genommen.[1]) Das Leben aber ließ man ihm und sorgte sogar für seinen künftigen Unterhalt.[2]) Die Wut dieser heidnischen Teile der Bevölkerung richtete sich eben nicht so sehr gegen den König als gegen die Bischöfe und das Christentum überhaupt. Daher wurde von den 10 Bischöfen des Landes der größte Teil ermordet, unter ihnen auch Bischof GERHARD von Csanád, der seinen Sitz verlassen hatte — gerade hier fand nach der späteren Tradition der Empfang des Andreas durch die Aufständischen statt — um sich nach Stuhlweißenburg zu begeben, wo er wahrscheinlich König Peter zu finden hoffte. Unterwegs aber wurde er von einer großen Schar von Heiden überfallen, die seinen Wagen umstießen und auf ihn mit Steinen warfen, bis er schließlich durch einen Lanzenstich getötet wurde.[3]) Auch von den niederen Geistlichen und Mönchen und anderen, die am Christentum festhielten, wurden nicht wenige ermordet.[4])

Von den zur Zeit Stephans des Heiligen ins Land gekommenen Gästen werden damals zwar auch viele getötet worden sein, aber von einem allgemeinen Fremdenmord ist in unseren Quellen, so sehr sie auch über die Verbrechen des Aufstandes klagen, doch nicht die Rede. Selbst von den *advenae*, die für Peter kämpften, und in denen die deutsche Schutzwache mit inbegriffen sein wird, sagt Herrmann nur, daß „viele" getötet wurden.[5]) Unter den *peregrini* und *exsules* („Reisende") aber, von denen nach beiden Quellen „viele" ausgeplündert, verjagt oder getötet wurden, werden nach dem damaligen Sprachgebrauch in erster Linie die Pilger zu verstehen sein, die sich damals auf dem Wege von oder nach Jerusalem in Ungarn aufhielten. — Wenige Jahre später bereits bekleidete nach einer (in ihrer heutigen Gestalt) wohl gefälschten, aber vielleicht auf historischen Grundlagen fußenden Urkunde[6]) ein reich begüterter Herr mit dem deutschen Namen RADO das Amt des Palatinus, und der aus Niederlothringen stammende Bischof LIEDWIN von Bichar nahm gleich im Anfang von Andreas' Regierung eine Art von Vertrauensstellung bei diesem ein.[7])

Die Politik Andreas' I. dem Reiche gegenüber und seine Stellung zu den deutschen Gästen.

Andreas selbst war weit entfernt, das Wüten der heidnischen Menge zu billigen. Er hatte von Anfang an das Ziel, das Werk

---

[1]) *AA.*, *HA.* ad a. 1046. *Ann. Poson.*, *SS.* XIX, p. 572,4. [2]) *AA.* a. a. O.

[3]) *Vita s. Gerhardi minor*, *AA. SS.*, Sept. tom. VI, p. 729. Die mit der hier gegebenen Darstellung in Widerspruch stehenden Angaben der späteren *vita* und die ungarischen Chroniken geben nur die legendarische Ausschmückung des Ereignisses wieder, die an den Gerhardsberg (Blocksberg) bei Budapest anknüpft.

[4]) *AA.* p. 43: necnon cum clericis monachorum nonnulli etc.

[5]) Vgl. oben S. 71, Anm. 8. [6]) FEJÉR, *CDH.* I, p. 394 ff. [7]) *SS.* XV, p. 964.

Stephans fortzusetzen, bzw. wiederherzustellen. Daher ließ er sich von den drei noch übrigen Bischöfen des Landes, unter denen sich wahrscheinlich auch jener Liedwin von Bichar befand, krönen und begann dann scharf gegen das Heidentum vorzugehen. Direkt wird dies zwar erst in späteren Quellen berichtet[1]), doch auch die zeitgenössischen lassen ein solches Vorgehen als sehr wahrscheinlich erscheinen. Trotzdem mag es ihm nur ganz allmählich gelungen sein, sein Ziel zu erreichen. Noch im Jahre 1051 werden die Ungarn, die bei ihren Angriffen auf die von den Deutschen 1050 wieder erbaute Hainburg die dortige Kirche zerstört hatten, in einer Urkunde Heinrichs III. als „ruchlose Bekämpfer der Christenheit" bezeichnet.[2]) Mag man vielleicht auch den Ausdruck dieser Urkunde für tendenziös gefärbt halten, so besitzen wir doch unanfechtbare Zeugnisse in Gesetzen noch späterer Zeit, die aus Ungarn selbst stammen. Noch unter Ladislaus dem Heiligen mußte im Jahre 1092 ein Gesetz erlassen werden, daß die „infolge Aufruhrs zerstörten oder verbrannten Kirchen" von den Gliedern der Gemeinden wieder aufgebaut werden sollten[3]), und ein anderes, nach welchem alle, die nach heidnischem Ritus an Brunnen, Bäumen, Quellen und Steinen Opfer dargebracht hätten, zur Strafe ein Rind verlieren sollten.[4])

In seinem Kampf gegen das Heidentum mußte Andreas, wie einst Geisa und Stephan der Heilige, beim Kaiser und beim Papst Unterstützung suchen. Eine Abschüttlung der deutschen Lehnshoheit lag ihm deshalb zunächst völlig fern. Vielmehr ließ er die Anstifter der Verschwörung gegen Peter teils töten, teils in Gefangenschaft halten und suchte wiederholt durch Gesandtschaften eine Versöhnung mit Heinrich III. herbeizuführen. Als trotzdem Heinrich sich im Jahre 1047 zu einem Rachefeldzug gegen Ungarn rüstete, erklärte er sich bereit, die noch nicht hingerichteten Verschwörer auszuliefern, die Lehnshoheit des Kaisers anzuerkennen, jährlichen Tribut zu zahlen und Heeresfolge zu leisten. Heinrich war damit einverstanden und nahm von dem geplanten Zug gegen Ungarn Abstand.[5]) Ebenso trat Andreas bald

---

[1]) *Vita maior s. Gerhardi*, Endl. p. 230. Die sogenannten *Constitutiones ecclesiasticae Andreae* I. etc. bei Mansi *Coll. Concil.* 19, p. 631, dagegen sind von Meyndt, *Beitr. z. Gesch. d. älteren Beziehungen zw. Deutschland und Ungarn*, Leipzig 1870, S. 23 f. als im Laufe der Jahrhunderte allmählich entstandene Fälschung nachgewiesen worden.

[2]) *M. B.* 29, 1, p. 105 (Nr. 378): loca . . . a quorundam pravorum christianitati repugnantium populatione devastata.

[3]) *Lad. decr.* I, Endl. p. 327. [4]) *Lad. decr.* I, 22, Endl. p. 330.

[5]) *HA.* p. 127, 25: Andreas . . . . iam crebro legatos supplices miserat, regnum se ab Ungariis coactum suscepisse confirmans, de Petri sese iniuria excusans, quique adversum eum coniuraverant, partim a se trucidatos, partim imperatori tradendos denuntians, suamque imperatori subiectionem, annuum censum

darauf mit dem Papst in Verbindung. Im Oktober des Jahres 1050 finden wir im Gefolge LEO's IX., der sich damals in Burgund und Lothringen aufhielt, den Erzbischof GEORG von Kalocsa, der im Auftrage seiner Landsleute dorthin gereist war.[1]) Die Früchte dieser Verbindung mit Leo IX. traten besonders während des Feldzugs des Jahres 1052 zutage.

Es ist nicht klar zu ersehen, von welcher Seite die Übereinkunft zwischen dem Kaiser und Andreas zuerst gebrochen wurde. Möglicherweise traf in Ungarn in dieser Zeit des Andreas Bruder, Herzog BELA, der nach einem Teil der späteren Quellen 1046 noch in Polen geblieben war[2]) und sich auch im Jahre 1058 als Gegner einer Annäherung zwischen Deutschland und Ungarn erwies[3]), in Ungarn ein und reizte schon damals gegen die Deutschen. Andererseits ist es aber auch möglich, daß der streitlustige Bischof GEBHARD von Regensburg, der Oheim des Kaisers, der im Jahre 1050 die Feindseligkeiten gegen Ungarn eröffnete, dies aus eigenem Antrieb tat, um seinen Neffen dadurch zu einem neuen Feldzug zu zwingen, der die Wiederherstellung des für Deutschland doch ungleich günstigeren Zustandes des Jahres 1045 zum Ziele haben sollte.

Er überschritt die Grenze und plünderte in den Gebieten diesseits der Gyepülinie, aus denen sich die Ungarn zurückgezogen hatten. Dies hatte dann nach seinem Abzug wieder Plünderungen im deutschen Gebiet durch die Ungarn zur Folge[4]), und um vor diesen das Land möglichst zu schützen, berief Heinrich die bayrischen Großen auf seine Besitzung Nürnberg, und hier wurde beschlossen, die 1042 zerstörte Grenzfestung Hainburg wieder aufzubauen.[5]) Den Aufbau dieser Festung suchten dann die Ungarn wiederholt, wiewohl vergeblich, mit allen Kräften zu verhindern, und so war hinreichender Grund zu einem neuen Feldzug gegen Ungarn vorhanden.

Andreas versuchte auch jetzt wieder, durch Anerbietungen an den Kaiser den Krieg zu vermeiden, ohne jedoch diesmal damit Erfolg

---

et devotam servitutem, si regnum se habere permitteret, mandans. Quibus ex causis dilata expeditione illa ..... Da Marczalis hier auf vorgefaßten Meinungen aufgebauter Darstellung diese Nachricht Herrmanns widerspricht, verwirft er sie einfach als Unmöglichkeit (*A m. n. tört.* II, S. 50).

[1]) MIGNE, P. L. 143, p. 668o: ... astantibus ... Georgio Colocensis ecclesiae archiepiscopo ...; ferner *Widrici miracula s. Gerardi*, SS. IV, p. 509, links: Quin etiam Georgius, Colocinensis archiepiscopus de Ungaria advenerat, quem civium legatio et apostolicae benedictionis cupido a longinquis ibi partibus advexerat.

[2]) So *Vita maior s. Gerardi*, Endl. p. 217: Bela ibidem remanente.

[3]) Vgl. *AA.* ad a. 1060, p. 56. [4]) *HA.* ad a. 1050, p. 129, 11.

[5]) *AA.* ad a. 1060, p. 46.

zu haben.[1]) Der Feldzug kam wirklich zustande, scheiterte aber vollständig in ähnlicher Weise wie im Jahre 1030, nur nicht mit so großen Verlusten wie damals. Es kennzeichnet die Politik des Andreas, daß er auch nach diesem Erfolge den Frieden wiederherzustellen suchte und zwischen ihm und Markgraf ADALBERT von Österreich auch wirklich ein Vertrag zustande kam.[2]) Allerdings glaubte er dem Kaiser gegenüber jetzt seine Zugeständnisse herunterschrauben zu können[3]), und so kam es im nächsten Jahre noch einmal zu einem Feldzug Heinrichs III. gegen Ungarn, der zunächst zur Belagerung der Grenzfestung Preßburg führte. Andreas wandte sich nun um Vermittlung an den Papst, mit dem er schon vorher in dieser Angelegenheit verhandelt und sich zur Anerkennung der kaiserlichen Lehnshoheit und Weiterzahlung des bisherigen Tributs bereit erklärt hatte.[4]) Der Papst erschien persönlich vor Preßburg, und da Heinrich die Lebensmittel auszugehen begannen, brachte Leo einen Vertrag zustande, nach welchem der Kaiser die Belagerung aufgeben, Andreas aber jene Bedingungen des Papstes annehmen sollte.[5])

Als Heinrich dann in der Tat die Belagerung aufhob und sein Heer sich wegen der drohenden Hungersnot schnell aufzulösen begann, nahm Andreas seinen Vorteil wahr und widerrief den größten Teil seiner Versprechungen, so daß der Papst ihm mit der Exkommunikation drohen mußte. Er scheint damit Erfolg gehabt zu haben, denn in der Tat machte Andreas im nächsten Jahre, diesmal nicht durch Feldzugspläne Heinrichs dazu gedrängt, dem Kaiser recht günstige Anerbietungen. Er versprach nämlich durch eine Gesandtschaft auf dem Reichstag zu Tribur, eine große Geldsumme zu zahlen, einen Teil seines Landes abzutreten, wobei es sich jedenfalls wie im Jahre 1074 um die diesseits der Verteidigungslinie gelegenen Teile der Komitate Wieselburg, Ödenburg und Eisenburg gehandelt hat, und Heeresfolge auf allen Feldzügen des Kaisers außer bei solchen nach Italien.[6])

Der Kaiser erklärte sich in der Tat damit einverstanden, und so war zum Abschluß des Friedens nur noch die feierliche Beschwörung nötig, als durch einen der deutschen „Gäste" des ungarischen Königs alles vereitelt wurde. Damals traf nämlich Herzog KONRAD von Bayern, der wegen Landfriedensbruchs von den Fürsten seines Herzogtums für

---

[1]) *HA.*, p. 130,9: pactum Andreae regis, ut per legatos offerebatur, accipere contemnens.

[2]) *HA.* p. 130, 20.

[3]) *HA.* p. 131,35: Andreaque rege minus minusque pro pacto pacis postulando allegante et promittente.

[4]) *Vita s. Hugonis abb. Cluniac.*, *Migne, P. L.* 159, p. 864, § 7 und Wibert, vita Leonis (IX.) papae, ed. Watterich, Pont. Roman. vitae I, p. 160.

[5]) *HA.* p. 131,42; *AA.* ad a. 1052. [6]) *HA.* p. 133,15.

verlustig erklärt worden war und sich dafür rächen wollte, mit zahlreichen Begleitern in Ungarn ein und überredete den König, die Verhandlungen abzubrechen und gemeinsam mit ihm den Krieg gegen den Kaiser fortzusetzen. Andreas ging darauf ein und übergab ihm einen Teil seiner Krieger. Mit diesen und seinen eigenen Genossen fiel Konrad in die Karantanermark ein und brachte hier einen großen Teil des Landes mit der Feste Hengstburg in seine Gewalt und legte eine Besatzung in die Burg, die sich dann aber bald wieder nach Ungarn zurückziehen mußte. Nun beschränkte sich Konrad darauf, wiederholt mit seinen Leuten die Grenzgebiete der Bayrischen und Karantanischen Mark zu überfallen, die Ortschaften auszuplündern und zahlreiche Einwohner mit sich nach Ungarn zu schleppen, also den bekannten Grenzkrieg der früheren Zeit wiederaufzunehmen. Das setzte sich so lange fort, bis sich die Österreicher einmal zusammenscharten und den Feinden den Rückweg zu verlegen suchten, wobei diese zwar siegten, doch solche Verluste erlitten, daß sie die Plünderungszüge nach Österreich fortan unterließen.[1])

Herzog Konrad starb im nächsten Jahr in Ungarn, gerade als er von einer neuen Verschwörung in Deutschland zum Gegenkönig gegen Heinrich III. aufgestellt werden sollte.[2]) Seine Gefährten aber — er war 1053 *cum manu valida* nach Ungarn gekommen — werden als Gäste des Königs Andreas dort geblieben sein, der sie als Waffe gegen seinen Bruder Bela gut gebrauchen konnte. Denn dieser verhielt sich seit der Geburt von Andreas' Sohn Salomon, dem der König die Nachfolge zu sichern suchte, seinem Bruder gegenüber immer feindseliger.

Andreas lenkte nach dem Tode Herzog Konrads in die Bahnen zurück, die seine Politik vor dessen Ankunft an seinem Hofe befolgt hatte, und ließ sich auch durch den Thronwechsel in Deutschland nicht, wie einst sein Vorgänger Peter, zu Übergriffen verleiten. Vielmehr schickte er wiederholt Gesandtschaften an den deutschen Hof, um endlich den Frieden zwischen beiden Ländern zustande zu bringen und zu noch engerer Verbindung für seinen 5 jährigen Sohn Salomo die Hand von Heinrich IV. Schwester Judith zu erlangen. Nach längerer Beratung erklärten sich die Fürsten damit einverstanden, und so wurde im September 1058 an der ungarischen Grenze in Gegenwart Heinrichs IV. und seiner Mutter von den Fürsten beider Länder der Friede beschworen und Judith den Ungarn übergeben. — Damals scheint man deutscherseits, wenn auch vielleicht nicht theoretisch, so doch in der Praxis, die Ansprüche auf Lehnshoheit über Ungarn aufgegeben zu haben.

Wie der Umsturz, durch den Andreas im Jahre 1046 auf den Thron gelangte, nur in sehr eingeschränktem Sinne als „nationale Reaktion"

---

[1]) *HA.* ad a. 1053, *AA.* ad a. 1053 und 1054. [2]) *AA.* ad a. 1055, p. 51.

bezeichnet werden kann — Andreas zieht mit einem ausländischen Söldnerheer[1]) aus Polen oder Rußland in Ungarn ein — so zeigt sich während seiner ganzen Regierung, wie er sich bemüht, Anschluß an fremde Mächte, vor allem an Deutschland zu gewinnen, bis ihm das im Jahre 1058 endgültig gelungen ist. Von Anfang an ist er bestrebt, dem Christentum wieder die unbedingte Herrschaft in seinem Lande zu verschaffen. Das zeigt sich schon ganz zu Beginn seiner Regierung, als er die von Stephan dem Heiligen gesammelten Reliquien durch Bischof Liedwin ordnen und identifizieren läßt, der bei dieser Gelegenheit ohne Wissen des Königs einen Teil für sich behält und seinen Landsleuten in Namur zukommen läßt[2]); das zeigt sich ferner in seiner Verbindung mit dem Papst und dessen Bemühungen für ihn, in der Gründung des Klosters Tihany am Plattensee und in seinen kirchlichen Verfügungen, die noch unter seinem Neffen, König Ladislaus dem Heiligen, als rechtsgültig anerkannt wurden.[3])

Dementsprechend versteht es sich von selbst, daß er auch den Gästen gegenüber dieselbe Politik verfolgte, wie sein „Vorgänger" Stephan. Das kommt in bezeichnender Weise darin zum Ausdruck, daß er in den letzten Tagen seiner Herrschaft einem Grafen mit dem deutschen Namen TIEDBALD seine Familie anvertraute, um sie nach Österreich in Sicherheit zu bringen.[4]) Nach einer schon früher von KATONA aufgestellten und von BÜDINGER aufgenommenen Vermutung[5]) entspricht dieser Graf Tiedbald dem sagenhaften Stammvater des Geschlechts *Bobocha*, von dem Keza erzählt, daß er unter Herzog Geisa (d. h. dem Vater Stephans) nach Ungarn gekommen sei, und daß seine Nachkommen noch zu seiner Zeit nach ihm einfach den Namen „Grafen" führten.[6]) Daß Tiedbald nicht etwa einer der aus Deutschland zur Unterstützung des Andreas entsandten Fürsten war, zeigt die Angabe der Altaicher Annalen, daß die Königin mit „den Großen ihres Volks" (d. h. Ungarns, nicht Rußlands, woher sie stammte) nach Bayern gelangt ist.[7])

Der Charakter der deutschen Expedition des Jahres 1060 nach Ungarn.

Einer der Hauptgründe, die den Andreas Anschluß an Deutschland suchen ließen, war das Bestreben, dort einen Rückhalt gegen

---

[1]) *AA.* ad a. 1046: Sch. 3. Aufl., p. 42 unten: . . necnon immensam multitudinem conducticii exercitus secum advexisset.

[2]) *SS.* XV, p. 964, 13. [3]) *Lad. decr.* I, 38, *Endl.* p. 332.

[4]) *Herim. contin.*, *SS.* XIII, p. 731, 47: filium suum Henrico per Tiedbaldum comitem transmisit; ebenso SS. V, p. 271, 26.

[5]) Vgl. BÜDINGER, *B. u. G.*, S. 6, Anm. 3.

[6]) KEZA, *Flor.* II, p. 94, 49 und Chron. Dubnic. Fl. III, p. 37, 52.

[7]) *AA.* ad a. 1060, p. 57: cum . . . gentis suae principibus.

seinen Bruder Béla zu gewinnen, der einen Teil des Landes als Herzog beherrschte und dort so viel Souveränität besaß, daß er eigene Münzen prägen lassen konnte.[1]) Er war der Hauptgegner der Krönung des jungen Salomo, die nach den in ihren Zeitangaben allerdings meist nicht ganz genauen sogenannten Preßburger Jahrbüchern im Jahre 1057, als Andreas krank zu werden begann, stattgefunden hat[2]), da sie ihm und seinen Söhnen die Nachfolge raubte. Aus diesem Grunde nahm er auch an der Verlobung Salomos mit Judith und dem damit in Zusammenhang stehenden Friedensvertrag zwischen Deutschland und Ungarn im Jahre 1058 nicht teil[3]), sondern ging bald zu offenen Feindseligkeiten gegen seinen Bruder über und begann, dessen Gebiet zu verwüsten.[4])

Andreas wandte sich um Hilfe nach Deutschland, und in der Tat schickte man ihm von hier aus den Bischof Eberhard (Eppo) von Naumburg (-Zeitz), Markgraf Ernst von Österreich und Markgraf Wilhelm von Meißen mit zahlreichem Gefolge nach Ungarn, um zunächst zu versuchen, durch ihre Vermittlung die Streitigkeiten zwischen Bela und Andreas auf friedlichem Wege beizulegen.[5]) — Nach der Darstellung Büdinger's[6]), Meyer's von Knonau[7]), Paulers[8]) und anderer Historiker hat es den Anschein, als ob es sich hierbei um einen größeren Feldzug von deutscher Seite zur Unterstützung des Andreas handelt, eine Darstellung, die durch die Kombinierung des unzuverlässigen Berichtes Lambert's von Hersfeld mit dem noch unzuverlässigeren der ungarischen Chroniken[9]) zustande kam, welche die Deutschen sogar jenseits der Theiß mit Bela kämpfen und dort (!) gefangen werden lassen. In Wirklichkeit handelt es sich mehr um eine diplomatische Expedition der drei Fürsten mit ihren Begleitern von demonstrativem Charakter. In dem zwar später entstandenen, aber nur wertvolle Quellen verwendenden *Auctarium Zwetlense* werden sie geradezu als Gesandte bezeichnet.[10])

Als es ihnen nicht gelang, die Versöhnung der Brüder zustande

---

[1]) Abgebildet in *A. m. n. tört.* II, S. 60 mit der Aufschrift: *Bela dux, Pannonia.*

[2]) *SS.* XIX, p. 572, 10. Vielleicht gehört die Angabe in das nächste Jahr, wie auch Heinrichs III. Tod ein Jahr zu früh gemeldet wird, so daß ein Zusammenhang zwischen Salomos Verlobung und Krönung bestehen könnte.

[3]) *AA.* ad a. 1060, p. 56.

[4]) *Herim. contin.* ad a. 1060, *SS.* XIII, p. 731, 45.

[5]) *AA.* ad a. 1060, p. 57; *Auct. Zwetl. SS.* IX, p. 539, fälschlich ad a. 1054: ad pacificandum regem Andream cum fratre suo Belone.

[6]) *B. u. G.* S. 7—10. [7]) *Jbb .... Heinr. IV. u. V.*, Bd. I, S. 193 ff.

[8]) *A mag ar nemzet története* I, S. 139

[9]) *Flor. III*, p. 70: Vilhelmus vero et Poth duces furore Teutonico concitati cum agminibus suis festinanter Tysciam transierunt etc.

[10]) *SS.* IX, p. 539, 41: ipsosque legatos custodie tradidit.

zu bringen[1]) und Andreas immer mehr den Boden in Ungarn unter den Füßen verlor, mußte er sich schließlich entschließen, mit seinen ungarischen Anhängern und jenen an seinem Hofe weilenden deutschen Fürsten Ungarn zu räumen. Als er aber an den ungarischen Befestigungsanlagen das „Tor des Reiches“ passieren wollte, wurde er im Rücken von Belas Mannschaften angegriffen. Die ungarischen Begleiter des Andreas, darunter Graf Tiedbald mit der königlichen Familie, ließen sich auf keinen Kampf ein, sondern eilten der deutschen Grenze zu[2]), während Andreas selbst und die Deutschen sich, um den Rückzug zu decken, den Feinden entgegenstellten, bis schließlich auch sie nach großen Verlusten zu weichen gezwungen wurden oder sich ergeben mußten. Der schon vorher von Alter und Krankheit geplagte König starb in dem Augenblick, als er gefangengenommen werden sollte.[3])

Das Verhältnis Bélas I. zu den Deutschen.

Béla hatte hiermit die Herrschaft über das Reich gewonnen. Man darf in ihm ebensowenig wie in seinem Bruder Andreas mit den meisten deutschen und ungarischen Historikern einen nationalen Vorkämpfer des Ungartums gegen den deutschen Einfluß sehen. Wie sehr er selbst diesem deutschen Einfluß unterlag, zeigt sich schon darin, daß er seinem dritten, erst nach seiner Ankunft in Ungarn geborenen Sohn den deutschen Namen *Lambert* gab.[4]) Die ungarische Überlieferung schreibt Béla die Unterdrückung des letzten heidnischen Aufstandes zu, wobei es schwer zu entscheiden ist, ob hier ein sagenhaft ausgeschmückter historischer Kern zugrunde liegt, oder ob es sich lediglich um eine Dublette des Aufstandes von 1046 handelt. Von Anfang an zeigt er sich, genau wie früher Andreas, bestrebt, mit den Deutschen in ein friedliches, womöglich sogar freundschaftliches Verhältnis zu treten. Zunächst versuchte er, durch die gefangenen deutschen Fürsten einen Druck auf die deutsche Regierung auszuüben. Als er hiermit keinen Erfolg hatte[5]), suchte er die gefangenen deutschen Fürsten selbst für sich zu gewinnen. Er entließ sie daher nacheinander aus freien Stücken und verlobte obendrein seine Tochter Sophie mit dem Markgrafen Wilhelm von Meißen, der sich bei jenem Kampfe am Landestor besonders ausgezeichnet hatte.[6]) Als dann

---

[1]) *SS.* IX, p. 539. [2]) Vgl. oben S. 77, Anm. 7. [3]) *AA.* ad a. 1060.

[4]) *Chr. Vind. P., Flor.* II, p. 159: Porro dux Bela in Polonia genuit liberos Geysam et Ladislaum. In Hungaria autem (vero *B.*) genuit Lampertum et filias. Bestätigt wird das durch *Ann. Poson.* ad a. 1097, SS. XIX, p. 572: Ladislaus rex obiit et frater eius Lambertus dux.

[5]) Quia Teutonici reges non solent minis cuiuspiam terreri vel cedere, schreiben die *Altaicher Annalen* in selbstbewußtem Nationalgefühl (ad a. 1061).

[6]) *AA.* a. a. O.

Markgraf Wilhelm im nächsten Jahr mit großem Gepränge nach Ungarn kam, um sich seine Braut zu holen, starb er unterwegs plötzlich, die geplante Verbindung aber wurde deshalb nicht aufgegeben, sondern sein Neffe Uodalrich, Markgraf von Krain und Istrien, der Sohn Poppo's von Weimar, wurde an seiner Stelle mit Sophie verheiratet.[1]) Als später auch dieser starb, wurde sie die Gemahlin des Herzogs Magnus von Sachsen[2]), der damals zu den erbittertsten Gegnern Heinrichs IV. gehörte.

Die Restituierung des Salomo durch Heinrich IV.

Dennoch konnten diese Verbindungen, die Béla mit den deutschen Fürsten anknüpfte, nicht verhindern, daß schon im Jahre 1063 auf einem Reichstag zu Mainz ein Feldzug gegen ihn beschlossen wurde, um der Schwester und dem Schwager des deutschen Königs ihr Reich wiederzuverschaffen. Béla versuchte zwar auch jetzt noch, durch Entschuldigungen und das Angebot, sich wie unter des Andreas Regierung mit dem Herzogtum begnügen zu wollen, den Feldzug zu verhindern, aber die ungarische Treulosigkeit war damals in Deutschland schon fast sprichwörtlich geworden[3]) — in der Kuruzenzeit hat sich unter der Herrschaft der Habsburger das Verhältnis bekanntlich umgedreht — und so ließ man sich nicht darauf ein.

Den Deutschen gelang es wie im Jahre 1044 mit Hilfe ihrer des Geländes kundigen Verbündeten, die feindlichen Befestigungen, die ihnen jetzt schon weiter westlich als damals entgegentraten, teilweise zu umgehen und so die Burg Wieselburg, die bei dieser Gelegenheit zum ersten Male, und zwar unter dem Namen *Miesiginburch* erwähnt wird, durch einen Angriff gleichzeitig von der Ost- und Westseite her zu stürmen und so die Donaustraße zu öffnen.[4]) — Béla stand mit seinem Heere in der Nähe, starb aber, noch bevor es zum Zusammentreffen kam. Sein Sohn Geisa leistete keinen Widerstand, denn war einmal die Grenzlinie durchbrochen, so waren die deutschen Heere den ungarischen unbedingt überlegen, wie es sich 1044 gezeigt hatte, und so suchte er sein Heil in eiliger Flucht.[5]) Salomo konnte sich ohne Kampf des ganzen Reiches bemächtigen und in Stuhlweißenburg einziehen, wo er dann den deutschen König und die deutschen Fürsten reich bewirtete und beschenkte.[6]) Den auf diese Weise geschaffenen Zustand suchte man dadurch zu sichern, daß man Salomos

---

[1]) *Lamp. Hersf.* ad a. 1062, p. 79, 8, bestätigt durch *AA.* ad a. 1061: (Wilhelmus) moxque diem extremum clausit.

[2]) *Annalista Saxo* ad a. 1106, *SS.* VI, p. 744.

[3]) *AA.* ad a. 1063, p. 63 oben. [4]) *AA.* a. a. O.

[5]) *AA.* a. a. O.: filius autem, ne caperetur, vix fugiens evasit.

[6]) *AA.* a. a. O.

Vetter Geisa, auch Magnus genannt, das Herzogtum einräumte, das früher sein Vater Béla innegehabt hatte.

Wahrscheinlich auf diesen Vertrag spielt nämlich Lampert von Hersfeld an, wenn er nach der Darstellung des Feldzugs vom Jahre 1063 sagt, es sei alles aus dem Wege geräumt worden, was dem König hätte Beunruhigung erregen oder das Reich hätte erschüttern können.[1]) Der Vertrag zwischen Salomo und Geisa müßte demnach noch im Jahre 1063 unter deutscher Einwirkung zustande gekommen sein. Lampert konnte nicht offen davon sprechen, weil er vorher behauptet hatte, Geisa habe nach Bélas Tode aus reiner Friedensliebe den deutschen König und Salomo ins Land gerufen und von vornherein freiwillig auf die Krone verzichtet, wie denn Lampert überhaupt, hier wie anderswo, in der Darstellung nicht nur außerordentlich ungenau ist, sondern in seiner Tendenz, Salomo dem später eng mit dem Papst verbündeten Geisa gegenüber überall ins Unrecht zu setzen und diesen möglichst herauszustreichen[2]), vieles wider besseres Wissen absichtlich entstellt. — In den Einzelheiten nur mit größter Vorsicht zu verwerten ist auch hier die Darstellung in den ungarischen Chroniken, obgleich ihr Büdinger[3]), Huber[4]), Marczali[5]), Meyer von Knonau[6]), Pauler[7]) u. a. unbedenklich folgen. Abgesehen davon, daß die an sich nicht ununterrichtete Grundquelle in allerstärkstem Maße die Tendenz hat, Geisa und Ladislaus zu Nationalhelden zu machen und ihr Verhalten Salomo gegenüber, der mehr oder weniger als Bösewicht dargestellt wird, in jedem Falle zu rechtfertigen, weshalb Salomo die Krone aus der Hand Geisas empfangen muß, liegt hier möglicherweise eine Dublette zu späteren Ereignissen vor. Denn wie zur Zeit des Bürgerkrieges in der ersten Hälfte der 70er Jahre sucht Geisa zunächst Unterstützung im Ausland, wird Salomo in den äußersten Westen seines Landes gedrängt und folgt schließlich ein Vermittlungsversuch des Bischofs (Erzbischofs) Desiderius.[8]) Es ist daher leicht möglich, daß die späteren Ereignisse bereits die Darstellung des Jahres 1063 beeinflussen, zumal da sonst wohl kaum sämtliche deutschen Quellen der Zeit von einem so wichtigen Ereignis wie der zeitweiligen Vertreibung des Ungarnkönigs unmittelbar nach der Einsetzung geschwiegen hätten.

Der Vertrag zwischen Salomo und seinen Vettern hatte in der Tat zur Folge, daß das gute Verhältnis zwischen ihnen ein Jahrzehnt

---

[1]) *Lamp. H.* ad a. 1063, p. 88.

[2]) So schon ad a. 1061, p. 78: Joas filius Belis pro illius tum gentis moribus haud desperatae indolis adolescens.

[3]) *B. u. G.* S. 17 ff. [4]) G. Ö. I, S. 200. [5]) *A m. n. tört.* II, S. 74.

[6]) *Jbb. Heinr. VI u. V.*, I, S. 349. [7]) *A m. n. tört.* 1301 ig I, S. 146.

[8]) Vgl. *Chr. Dubnic.*, Flor. III, p. 74 und 83 und 91, = *Chr. Vind. P.*, Flor. II. p. 169, 179 und 191.

lang bestehen blieb und die ruhmvollen, von der ungarischen Sage ausgeschmückten Siege gegen die Petschenegen und Kumanen und sogar die vorübergehende Einnahme Belgrads im Kampf gegen Griechen und Bulgaren ermöglichte.[1])

Die Gäste unter Salomo.

Es ist klar, daß durch Salomos Regierung, die ja nur durch die deutschen Waffen ermöglicht worden war, der deutsche Einfluß im Lande befestigt und die Stellung der *hospites* gehoben wurde. Die ungarischen Chroniken, besonders die über Sondergut verfügende *Wiener Bilderchronik*[2]), mit der in allen Fassungen hervortretenden Tendenz, Geisa und Ladislaus auf Kosten Salomos zu verherrlichen, wissen denn auch zu berichten, daß dieser von Anfang an ein Lehnsmann des „deutschen Kaisers" (!) gewesen sei[3]), was in diesem Falle nicht zutrifft, da die Lehnsnahme erst im Laufe des Jahres 1074 erfolgte, und ferner auch, daß er zu allen seinen bösartigen Unternehmungen gegen die Brüder von seinem Ratgeber, dem *hospes* Vid, angestachelt wurde, der nach der Herzogswürde, ja sogar nach der Krone strebte und aus dem Geschlechte *Gutkeled* stammte, das unter Peter aus Schwaben eingewandert sein soll[4]), und neben ihm von einem als „Herzog der Deutschen" bezeichneten Markwart, in welchem den damals lebenden Markwart von Eppenstein, dessen gleichnamiger Vater und Sohn das Herzogtum Kärnten innehatten, zu suchen, zwar naheliegt, ohne daß es aber bewiesen werden könnte.

Unter der Regierung Salomos soll ferner das Geschlecht des Poth (Boto) in Ungarn eingewandert sein. Vielleicht wird man in der Gestalt des Poth jenen Grafen Poto sehen dürfen, der im Jahre 1060 zusammen mit Bischof Eppo von Zeitz und Markgraf Willihelm von Béla I. gefangen genommen wurde und sich im Kampfe besonders ausgezeichnet hatte[5]), und der in den ungarischen Chroniken unter der gleichen Namensform *Poth* erscheint.[6]) Denn Ekkehard von Aura berichtet von ihm, daß er in Ungarn für einen der alten Riesen gegolten habe.[7]) Es ist möglich, daß eins der eingewanderten Geschlechter, nämlich das Konrads von Altenburg, um dieses Ruhmes willen seine Herkunft von ihm herleitete und sich nach ihm benannte, ohne daß

---

[1]) *Chr. Pict. V.*, *Flor.* II, p. 171 ff., z. T. bestätigt durch *Ann. Poson.*, SS. XIX, p. 572 ad a. 1068, 1071 und 1072.

[2]) Vgl. hierüber Exkurs II. [3]) *Chr. Pict. V.*, *Flor.* II, p. 189.

[4]) *Chr. Dubn.*, *Flor.* II, p. 35,47 = *Chr. Pind. P.*, *Flor.* II, p. 131.

[5]) *AA.* ad a. 1060, p. 57. [6]) *Chr. Vind. P.*, *Flor.* II, p. 165.

[7]) *Ekk. Chr. univ.*, *SS.* VI, p. 226, 16: Pannonia vero talem illum ac tantum se fatetur aliquando sensisse, ut is vere de gigantibus antiquis unus apud illos credatur fuisse. De quo plura referre copia suppeteret, si compendiosi huius operis propositum non vetaret.

es darum auch wirklich von ihm abzustammen braucht. Denn einerseits scheint jener berühmte Poto in seiner Heimat gestorben zu sein [1]), und andererseits hatte der angebliche Stammvater des Geschlechts auch den Namen Ernst, was in merkwürdiger Weise an den Markgrafen Ernst von Österreich erinnert, der gleichfalls an jenem Zuge des Jahres 1060 teilgenommen hat.[2]) Man scheint also schon damals die Namen undeutlich bekannter historischer Personen für die Herstellung von Stammbäumen benutzt zu haben, und zwar der Sicherheit halber gleich mehrere für ein Geschlecht. Die Etymologie, die der Verfasser des Fremdenkataloges von dem Namen *Poth* gibt, ist natürlich nicht ernst zu nehmen, ebensowenig wie die historischen Angaben, die er daran anknüpft, und die sich durch die Nennung eines Kaisers Konrad zur Zeit Salomos selbst ad absurdum führen.[3]) — Eine große Rolle in den sagenhaften Kämpfen Salomons gegen Böhmen, Petschenegen und Griechen, sowie später gegen seine Vettern spielt ferner Opus, Sohn des Martin, aus dem Geschlechte jenes Wezellinus von Weißenburg (auch Wazunburg und ähnlich genannt), dem die Besiegung von Stephans des Heiligen Widersacher Kupan in der Somogy zugeschrieben wurde —[4]), dessen Tapferkeit bei Freund und Feind höchste Bewunderung erregt haben soll.[5])

Der Aufstand des Jahres 1074. Das Thronfolgerecht in Ungarn.

Mit der Zeit wurde indessen der auch durch die friedliche Übereinkunft nicht völlig getilgte Gegensatz zwischen dem König und seinen Vettern immer schärfer. Schon im Jahre 1070 soll ein Aufstand gegen Salomo geplant worden sein, der nur aus Furcht vor einer Intervention Heinrichs IV. aufgegeben wurde.[6]) Ebenso wissen auch die ungarischen Chroniken von einem längeren feindseligen Verhältnis zwischen dem König und den Brüdern zu berichten, bevor es zum offenen Bürgerkriege kam.[7]) — Erst im Jahre 1074 kam es dann aber zur Entscheidung. Es kann nicht zweifelhaft sein, daß es sich hierbei um eine Empörung Geisas und Ladislaus' gegen ihren Vetter handelt. Die ungarischen Chroniken, die natürlich ihrer Tendenz gemäß die Herzöge möglichst entschuldigen und den Aufstand durch geplante Gewalttätigkeiten Salomos und seines Ratgebers Vid hervorgerufen

[1]) Vgl. *Ekk. chron. un.* a. a. O. [2]) Vgl. oben S. 78.

[3]) *Chr. Dubn., Flor.* III, p. 35, § 44. Ähnlich *Keza, Flor.* II, p. 94.

[4]) *Chr. Dubn., Flor.* III, p. 34, § 42.

[5]) *Chr. Vind. P., Flor.* II, p. 170, 175, 189, 181: Opus filius Martini de genere Vecellini.

[6]) *Sigeb. Gembl.* ad a. 1070, *SS.* VI, p. 362, 14.

[7]) *Chr. Dubn., Flor.* III, p. 81—82, *Chr. Vind. P., Flor.* II, p. 171—180.

werden lassen, gestehen doch, daß Ladislaus Salomo gegenüber im Unrecht gewesen ist.[1]) Die Theorie, in Ungarn habe der Bruder des Königs vor dessen Söhnen das Recht auf Nachfolge besessen, die sich vor allem auf eine tendenziöse Angabe des byzantinischen Geschichtsschreibers JOHANNES KINNAMOS stützt[2]), wird damit durch die einheimischen Geschichtsquellen, in denen sie doch vor allem zu finden sein müßte, widerlegt. Denn während nach dem Senioratsgesetz erst Geisa und nach dessen Tode Ladislaus, die beide älter als Salomo waren, die einzigen zum Thron Berechtigten gewesen wären, berufen sich die Chroniken zur Begründung ihres Aufstandes nicht hierauf, sondern sprechen ihnen im Gegenteil jedes Recht dem „gesetzmäßig gekrönten König" gegenüber ab. Daß auf die Angabe des Kinnamos nicht viel zu geben ist, vor allem keine Theorie von einem Senioratsgesetz in Ungarn aufgebaut werden darf, das BÜDINGER von hier nach Böhmen wandern läßt, während andere es durch Béla I. aus Polen importiert sein lassen (!), zeigt die Überlegung, daß es sich bei dem Byzantiner lediglich um ein zur Rechtfertigung der griechischen Intervention nach dem Tode GEISAS II. ad hoc erfundenes Gesetz handeln kann; denn kurz vorher ist davon die Rede, wie der Kaiser nach Rechtsgründen für die Ausdehnung seiner Herrschaft über Ungarn sucht.[3]) An einer andern Stelle seiner Chronik setzt gerade Kinnamos selbst voraus, daß, wenn Söhne des Herrschers vorhanden sind, einer von diesen die Herrschaft nach dessen Tode übernimmt.[4]) Wie unzuverlässig im allgemeinen die Kenntnis des Kinnamos von innerungarischen Verhältnissen war, geht überdies aus den der zuletzt zitierten Stelle vorangehenden Sätzen hervor, die ALMUS und BELA II. zu Söhnen LADISLAUS' I. machen. — Es herrschte vielmehr in Ungarn bei der Thronfolge etwa derselbe Brauch wie in Deutschland: Der älteste Sohn des Königs hatte den meisten Anspruch, gewählt zu werden. So war Stephan I. der Sohn Geisas, Stephan wieder betrachtete seinen Sohn Heinrich als Nachfolger, und Andreas I. und Koloman ließen ihre Söhne Salomo und Stephan II. noch zu ihren Lebzeiten zu Königen wählen und krönen. Die Fälle, in denen tatsächlich der Bruder des früheren Königs unter Umgehung von dessen Nachkommen König wurde, auf die sich die

---

[1]) *Chr. Dubn.*, *Flor.* III, p. 94 = *Chr. Vind. P.*, *Flor.* II, p. 194: . . . . iusticia compellente, quia ius legitimum Ladislaus non habebat contra eum (sc. Salomonem), sed omnia ex facto fecit, non de iure. Ebenso gesteht Geisa selbst, er habe gesündigt, weil er das Reich des rechtmäßig gekrönten Königs usurpiert habe. (*Chr. Dubn.* p. 92 oben).

[2]) p. 203,11 der Bonner Ausg.: *Νόμος γὰρ οὗτος παρὰ τοῖς Οὔννοις ἐστὶν ἐπὶ τοὺς περιόντας ἀεὶ τῶν ἀδελφῶν τὸ στέφος διαβαίνειν.*

[3]) A. a. O. p. 202,19—203,3.

[4]) A. a. O. I. 4, p. 9,15: *Ἔθος γὰρ Οὔννοις ἐστὶν τοῦ ἐν σφίσιν ἄρχοντος ἐπὶ παισὶν τετελευτηκότος, ἕως μὲν ὁ τὴν ἡγεμονίαν ἐκ τούτων παραλαβών* etc.

Anhänger der Theorie des Kinnamos seit Büdinger [1]) stützen, erklären sich entweder als gewaltsame Rechtsbrüche (Bela I.) oder durch Unmündigkeit der eigentlich berechtigten Prinzen (Ladislaus I.).

Daß der Bürgerkrieg des Jahres 1074 von Geisa ausging, sagt selbst der dem Salomo feindlich gesinnte LAMPERT von Hersfeld [2]), wenn auch bei ihm in dem Ausdruck „*bellum*" gegenüber der „*rebellio*" SIGEBERT's eine Milderung zugunsten Geisas liegt. Nur die ganz extrem auf seiten des Papstes stehenden Annalen BERTHOLD's erzählen, daß Salomo des Übermaßes seiner Schandtaten wegen von der Landesversammlung des Thrones für verlustig erklärt wurde, da er, wie Heinrich IV. selbst, die Beschlüsse seiner Fürsten mißachtete. [3]) Die Bezeichnung Geisas als „Oheims" Salomos beweist auch bei diesem Schriftsteller die Oberflächlichkeit seiner Kenntnis der ungarischen Verhältnisse.

Salomo wurde in mehreren Schlachten von seinen aus Polen, Böhmen und Griechenland unterstützten Feinden geschlagen und konnte schließlich nur noch den Westen seines Landes behaupten. Geisa trat schon damals mit dem Papst in Verbindung, der ihm in einem freundlichen Schreiben antwortete, er wolle ihm seine Unterstützung zuteil werden lassen und seine Gegner verfolgen, aber, wie es für Gregors VII. Politik charakteristisch ist, in so allgemeinen Ausdrücken, daß er sich vorläufig zu nichts verpflichtete und völlig freie Hand behielt. [4]) — Salomo dagegen wandte sich um Hilfe an seinen Schwager König HEINRICH IV. und versprach, ihm einen großen Teil seines Landes abzutreten, falls er ihm sein Reich wieder verschaffte. Heinrich ging darauf ein und sammelte rasch, auf eine Unterstützung seiner Fürsten verzichtend, aus eigenen Mitteln ein Heer. Als er aber schon in Regensburg stand, wurde der Feldzug durch die falsche Nachricht von einem Angriff König WILHELMS DES EROBERERS von England auf Aachen vereitelt. [5])

Im Sommer schickte dann Salomo noch einmal Gesandte an seinen Schwager und versprach diesmal nicht nur die Abtretung von 6 stark befestigten Grenzburgen, sondern auch die Anerkennung seiner Lehnshoheit, falls er wieder in sein Reich eingesetzt würde. Heinrich versuchte diesmal, die Fürsten aufzubieten; da aber der Feldzug nicht ordnungsgemäß von ihnen beschlossen war und ihre Mittel angeblich durch den Winterzug nach Sachsen aufgebraucht worden waren, mußte er sich wieder auf das Aufgebot seiner eigenen Dienstleute beschränken.

---

1) *B. u. G.* S. 96—103. 2) Ad a. 1074, Sch. v. 1894, p. 195 oben.

3) *SS.* V, p. 277.

4) Vom 17. März 1074, *Reg. Gregors* VII., her. v. CASPAR, Berlin 1920, I, S. 85.

5) *Lamp.* ad a. 1074, p. 195,18.

Nach Lamberts Bericht wäre dieser Feldzug des Jahres 1074 nach Ungarn vollständig mißglückt und Heinrich in den öden und von allen Lebensmitteln entblößten Gebieten, durch die er ziehen mußte, durch Hunger und Pest unter seinen Leuten genötigt worden, unverrichteter Sache umzukehren.[1]) Man wird indessen auch hier eine Entstellung der Tatsachen zuungunsten Heinrichs annehmen müssen. Denn nach dem Bericht der ungarischen Chroniken, der in diesem Falle unter den deutschen Quellen durch eine Notiz der *Yburger Annalen* bestätigt wird, ist er bis nach Waitzen vorgedrungen.[2]) Man kann sogar annehmen, daß Salomo durch den Feldzug wieder für einige Zeit das Übergewicht in Ungarn gewonnen hat, denn an einen landlosen Abenteurer hätte Gregor VII. seinen erbosten Brief vom 28. Oktober 1074 nicht zu richten brauchen.[3]) Vor allem aber hätte Salomo nicht die Versprechungen erfüllt, die er Heinrich für den Fall gemacht hatte, daß er die Herrschaft über sein Land wiedergewönne.

Die Belehnung Salomos durch Heinrich IV.

Darüber nämlich, daß die Belehnung und die Gebietsabtretung damals tatsächlich erfolgt sind, kann ein ernstlicher Zweifel nicht bestehen. Denn von der Belehnung wird nicht nur in deutschen Quellen ausdrücklich berichtet[4]), sondern auch die *Wiener Bilderchronik* setzt sie voraus, wenn sie sie auch fälschlich schon in den Beginn der Regierung Salomos verlegt.[5]) Zudem ist auch das Schreiben Gregors VII. an Salomo ganz deutlich unter dem Eindruck der tatsächlich erfolgten Belehnung durch den deutschen König abgefaßt, die es dem Salomo mit unzweideutigen Worten vorwirft.[6]) Nachdem Gregor nämlich die unberechtigten päpstlichen Lehnsansprüche auf Ungarn durch Behauptungen begründet hat, die man als bewußte Unwahrheiten oder wenigstens Verdrehungen bezeichnen kann, fährt er fort: Que cum ita sint, tu tamen in ceteris quoque a regia virtute et moribus longe discedens ius et honorem sancti Petri quantum ad te imminuisti et

---

[1]) *Lamp.* ad a. 1074, p. 198, 22.

[2]) *Chron. Vind. P. Flor.* II, p. 189: Geisa audiens imperatorem venisse Vaciam . . . . .. *Ann. Yburgenses,* SS. XVI, p. 436, 39: Rex Heinricus Ungariam vastavit usque ad Wazenburg. Schon Büdinger, B. u. G. S. 46, hat erkannt, daß es sich hier nicht, wie der Herausgeber meinte, um Wieselburg handeln kann.

[3]) *Reg. Gregors VII.,* her. v. Caspar, I, S. 144.

[4]) *Ann. Augustani, SS.* III, p. 128, 45: rex Ungariam ingressus vastat et omnes seditiones moventes expellit, Salomonem suae ditioni subiecit. *Notae Weltenburgenses, SS* XVII, p. 572, 6: Heinricus rex . . . . in Ungariam cum exercitu perrexit et ultra Ungaricos fines Gouzonem insequendo fugavit; regem eiusdem regionis Salomonem in militem suscepit. Vgl. auch *Ann. s. Rutperti Salisb.* ad a. 1074, *SS.* IX, p. 773, 35.

[5]) Vgl. oben S. 82. [6]) *Reg. Gregors,* her. v. *Caspar,* I, S. 144.

alienasti, dum eius regnum a rege Teutonicorum in beneficium, sicut audivimus, suscepisti. Quod si verum est etc. Wenn der Papst scheinbar einen Zweifel an der Wahrheit des Gehörten äußert, so ist dies natürlich nichts als eine rhetorische Wendung, die das Unglaubliche der Handelsweise des Königs hervorheben soll. Weshalb daher der neueste Herausgeber des Briefes unter den Text den Satz setzt: „Daß eine förmliche Lehnsnahme wirklich erfolgt sei, ist nicht anzunehmen"[1]), ist mir gänzlich unverständlich. Ebenso wie in diesem Brief bezieht sich Gregor auch in zwei Briefen an Herzog Geisa vom 23. 3. und 17. 4. 1075 in unzweideutiger Weise auf die tatsächlich erfolgte Lehnsnahme.[2])

Gebietsabtretung von Teilen Westungarns an Heinrich IV.

Gleichzeitig fand auch die zusammen mit der Belehnung versprochene Gebietsabtretung statt. Es ist bezeichnend, daß auch hiervon Lampert schweigt, obgleich er sie jedenfalls gekannt hat, da er vorher das Versprechen der Abtretung der 6 Burgen ja als Grund für den Feldzug angegeben hat. Wir besitzen aber glücklicherweise eine Urkunde Heinrichs IV. vom 26. Nov. 1074, in welcher er in dem durch König Salomo an ihn abgetretenen Gebiet 100 Mansen in den Orten Ascherichesbrugge, das man wohl kaum für Bruck an der Leitha halten darf, da dieser Ort auf dem linken Leithaufer liegt, also nicht zu dem durch Salomo abgetretenen Gebiet gehören kann, ferner in Chuningesbrunnen, Nowendorf, Hasilowe und bis zur Wasserscheide zwischen der Leitha und dem Neusiedler Sumpf, mit Ausnahme des Wildbanns im Leithagebirge an das Bistum Freising überträgt, unter der Bedingung, daß der Bischof und seine Nachfolger zur Befestigung vor allem Wieselburgs, aber auch aller andern Burgen beitragen sollen.[3])

Die Urkunde ist in mehrfacher Hinsicht höchst wertvoll. Sie beweist, daß tatsächlich nicht nur die Abtretung Wieselburgs, sondern auch der übrigen versprochenen Burgen erfolgt ist, worauf durch den Aus-

---

[1]) *Reg. Gregors, Caspar* I, p. 145 Anm. 8.

[2]) *Reg. Greg.* II, 63, S. 218, 29: . . . . quia consanguineus tuus a rege Teutonico, non a Romano pontifice usurpative obtinuit . . . ., und II, 70, S. 230, 18: rex subdidit se Teutonico regi et reguli nomen obtinuit. Mit *regulus* bezeichnet Gregor im Gegensatz zum rex den Fürsten, der unter der Lehnshoheit eines andern steht.

[3]) Stumpf 2782 = *M. B.* 29, 1, p. 189: ex praedio, quod Salomo rex Ungarorum nostrae potestati subiugavit sanctae dei genetrici . . . . Frisingensi C Mansos his locis sitos: Ascherischesbrugge, Chuningesbrunnen, Nowendorf, Hasilowe, sicque de Litaha usque ad eum locum, qui terminus est inter Litaha et Vertowe . . . . excepto venationibus et Wiltbanno in Litahaberge . . . . unter der Bedingung, daß der Bischof und seine Nachfolger in quolibet castello, specialiter in Miesenburc muniendo . . . . nobis serviant.

druck „*in quolibet castello*“ hingewiesen wird. Welches diese Burgen im einzelnen waren, ist nicht genau festzustellen, doch ist es nicht unwahrscheinlich, daß außer Wieselburg auch Ungarisch-Altenburg und Ödenburg, vielleicht auch Güns und Steinamanger dazugehörten. Das abgetretene Gebiet würde dann dem ganzen Lande entsprechen, das südlich von der Donau der ungarischen Gyepülinie im Westen vorgelagert war.

Dieses von Ungarn aus durch die Grenzschutzlinie abgetrennte und nur noch von wenigen „Toren“ aus zugängliche Gebiet war in den vorhergehenden Jahrzehnten bereits wieder etwas belebter geworden als im 10. Jh. Die in Resten hier noch ansässige Bevölkerung konnte sich nach dem Beginn der Seßhaftwerdung der Ungarn und vor allem, seit im Jahre 1031 zum erstenmal eine feste Grenze zwischen den Nachbarländern festgelegt worden war und das Land als Teil des ungarischen Reiches angesehen und daher von den Ungarn wenigstens geschont werden mußte, wieder beginnen, sich auszubreiten; und zwar vollzog sich vielleicht schon damals die Ausdehnung der Ansiedlungen teilweise unter der Leitung der später hier nachweisbaren deutschen Geschlechter, welche die Fremdenkataloge des 13. Jh.s ja vor allem unter Geisa, Stephan I., Peter und Salomo einwandern lassen, und die von den ungarischen Königen vorwiegend in den wilden Grenzgebieten mit Grundbesitz ausgestattet worden waren, wie die seit dem 13. Jh. sehr zahlreichen Urkunden beweisen.

Wird schon während Konrads II. Zug im Jahre 1030 von Verwüstungen in diesem Gebiet berichtet, so häufen sich solche Nachrichten unter Heinrich III. Im Jahre 1050 unternimmt Gebhard von Regensburg seinen Plünderungszug in die ungarischen Grenzgebiete[1]), ein Beweis dafür, daß es dort schon lohnende Gelegenheit zum Plündern gegeben haben muß. Während seines Feldzugs vom Jahre 1051, der nicht über die Grenzschutzlinie hinausgelangt ist, heißt es von Heinrich III., er habe alle Orte, zu denen er kam, verwüstet mit Ausnahme der Kirchen.[2])

Daß die Bevölkerung dieses Landes — abgesehen von einzelnen später eingestreuten Siedlungen petchenegischer und russischer Grenzwächter — damals wie in der Karolingerzeit aus Deutschen bestand, zeigen die in der Urkunde vom Jahre 1074 angeführten deutschen Ortsnamen.[3]) Auch Ödenburg erscheint im Jahre 1056 wieder unter seinem alten Namen als *Deserta civitas*, gelegentlich des hier erfolgten Todes des Bischofs Günther von Bamberg, der sich damals auf der Rückreise von einer Pilgerfahrt nach Jerusalem befand.[4])

---

[1]) *H. A.* ad a. 1050, p. 129,15. [2]) *AA.* ad a. 1151, p. 47. [3]) Vgl. oben S. 120.

[4]) *AA.* ad a. 1065, p. 70: . . . . donec pervenit in urbem, quae Deserta civitas nuncupatur.

Der Ausgang des Salomo.

Solange Salomo sich im Westen seines Landes dem Ende 1075 zum König gekrönten Geisa gegenüber zu halten vermochte, wird auch das abgetretene Grenzgebiet beim Reiche verblieben sein. BRUNO sagt in seiner Schrift über den Sachsenkrieg, daß Salomo im Jahre 1076 „im Besitz weniger Burgen am äußersten Ende seines Landes gerade noch festklebte".[1]) — Dieser Ausdruck des erbitterten Feindes der kaiserlichen Partei ist entschieden übertrieben. Allzu genau ist er ja ohnehin nicht über die ungarischen Verhältnisse unterrichtet, da er statt JUDITH[2]) SALOMO selbst am königlichen Hofe weilen läßt. Daß Salomos Machtbereich damals nicht so ganz klein gewesen sein kann, sondern er im Gegenteil Erfolge errungen haben muß, geht schon daraus hervor, daß Judith, die, als es am schlimmsten stand, an den Hof ihres Bruders geflüchtet war[3]), damals nach Ungarn zurückgekehrt ist, und ferner auch daraus, daß sie den Bischof BURCHARD von Halberstadt an einem Orte internieren sollte, von wo er keine Aussicht hätte, je nach Deutschland zurückzukehren. Daß es sich hierbei um keine der Grenzburgen handeln konnte, liegt auf der Hand.

Erst nach jahrelangen Kämpfen, in denen Preßburg seinen Hauptstützpunkt bildete, konnte der ritterliche König durch Vorspiegelung der Aussöhnung dazu gebracht werden, seine Stellung aufzugeben. Im Jahre 1079 scheint Heinrich IV. nach der Unterwerfung seiner bayrischen Gegner noch einmal den Versuch gemacht zu haben, seinem Schwager Luft zu schaffen[4]); größere Erfolge wird er damals aber wohl kaum errungen haben. LADISLAUS DER HEILIGE, der nach dem Tode seines Bruders Geisa, der beabsichtigt haben soll, zugunsten Salomos zurückzutreten[5]), zum König gewählt worden war, verstand es, im Jahre 1081 seinen Vetter an seinen Hof zu locken, und setzte ihn bald darauf gefangen.[6]) Salomo entfloh indessen noch im selben Jahre[7]) (1083) — die auf seiten des Ladislaus stehenden Quellen lassen ihn gutwillig von diesem entlassen werden[8]) —, gelangte zu seiner Ge-

[1]) *Bruno de bello Sax.*, Sch, 2. Aufl., 1880, p. 61 unten.

[2]) Vgl. *Lampert* ad a. 1076, p. 265, 30. [3]) Vgl. *Lampert* a. a. O.

[4]) *Ann. Augustani* ad a. 1079, *SS.* III, p. 129, 48: Rex Ungariae fines invasit.

[5]) *Chr. Dubn.*, *Flor.* III, p. 92

[6]) *Ann. Pos.* ad a. 1083, *SS.* XIX, p. 572: . . . in carcere missus. Bernoldi chron. ad a. 1083. SS. V. p. 439, 2: Salomon rex Ungarorum, set regia dignitate indignissimus . . . a . . . Ladislao regno privatus incarceratur. Vgl. Chr. Dubn. p. 94, und Chron. Vind. P., Flor. II, p. 194 mit der Tendenz der Rechtfertigung des Ladislaus.

[7]) *Ann. Poson.* a. a. O.: et Salomon rex fugit.

[8]) *Bernoldi chr.*, *SS.* V ad a. 1083, p. 439, 62: Rex Ungarorum Latislaus parti catholicorum assentaneus emulum suum Salomonem de carcere laxatum Ratis-

mahlin nach Regensburg, stürzte sich bald in neue Kämpfe und fiel schließlich im Jahre 1087 als Führer einer Freischar in tapferem Kampfe mit den Griechen.[1]) Ungarische Volkssagen, die man aus der Darstellung der Chroniken hervorschimmern sieht, haben sich eingehend mit seinen Schicksalen beschäftigt, wie denn auch sonst das Volk das Urteil der geistlichen Chronisten häufig durchaus nicht geteilt haben wird. Salomos Gattin Judith wurde kurz nach seinem Tode die Gemahlin des Polenherzogs Bolislaw III.[2])

Rückgabe des abgetretenen Gebietes an Ungarn. Schicksale dieses Landes während des Mittelalters.

Im Jahre 1081, als Salomo den Rest seines Reiches verlor oder kurze Zeit später, wird auch der an Deutschland abgetretene Gebietsstreifen wieder zu Ungarn gekommen sein. Jedenfalls lagen Ödenburg und Wieselburg im Jahre 1096 während der ersten Durchzüge der Kreuzfahrer wieder östlich der ungarischen Grenze.[3]) — Noch dreimal ist im Laufe des Mittelalters, abgesehen von kleineren Überfällen und Grenzschwankungen der Versuch gemacht worden, dies Land den Ungarn zu entreißen: Als während des Mongoleneinfalls im Jahre 1241 König Bela IV. nach der Vernichtung seines Heeres die Hilfe seines Nachbarn, des Herzogs Friedrich von Österreich, des letzten Babenbergers, in Anspruch nehmen mußte, nutzte dieser die Lage in der Weise aus, daß Béla eine große Geldsumme, die er einst von Friedrich erpreßt hatte, jetzt zurückzuzahlen gezwungen wurde. Die Summe sollte zum Teil in bar, zum Teil in goldenen und silbernen Gefäßen gezahlt werden, und für den Rest sollten drei Österreich benachbarte Komitate, also jedenfalls Wieselburg, Ödenburg und Eisenburg verpfändet werden. In der Tat ließ Friedrich alsbald die Burgen der betreffenden Komitate besetzen und aus eigenen Mitteln in Verteidigungszustand bringen.[4]) Im Jahre 1242, nach dem Abzug der Mongolen, verteidigte er dann noch Ödenburg erfolgreich gegen die Ungarn, doch scheint er bald darauf das verpfändete Gebiet wieder zurückgegeben zu haben.

---

ponam ad uxorem ire permisit. Ähnlich in den ungarischen Chroniken, in denen er bei Gelegenheit der Erhebung der Gebeine St. Stephans, Heinrichs (Emmerichs) und St. Gerhards freigelassen wird, dann aber in das Gebiet der Kumanen flieht.

[1]) *Bernoldi chr.* ad a. 1087, *SS.* V, p. 446, 39.

[2]) *Ebbonis vita Ottonis ep. Babenb.*, SS. XII, p. 824, 10.

[3]) *Alberti Aquensis hist. Hierosol.* I 8, Migne *P. L.* 166, p. 393: (Petrus), qui in itinere suo in Hungariae descendens regnum ante portam Cyperon (=*Sopron*, der ungar. Name für Ödenburg, der hier zum erstenmal auftaucht) tabernacula sua fixit, und ebendort, p. 405 C: Ad portam vero Meseburg et eius praesidium gratia regis Calomanni venientes honorifice introducti sunt.

[4]) *Rogerii miserabile carmen*, SS. XXIX, p. 560, 35.

Etwa 30 Jahre später gelang es noch einmal vorübergehend König Ottokar, die westlichen Teile Ungarns in seine Gewalt zu bringen. In seinem Auftrag eroberten im Jahre 1273 die Bürger von Wien und Wiener Neustadt Preßburg und andere Städte und Festungen Oberungarns.[1]) Daß Ottokar damals nicht nur eine vorübergehende Besetzung, sondern eine dauernde Angliederung des gewonnenen Gebiets an das Herzogtum Österreich plante und auch durchzuführen begann, erkennt man daraus, daß er die Städte und Burgen, die sich ergeben hatten, österreichischen Adligen unterstellte[2]) und allen flüchtigen Bürgern und Bauern, die unter Anerkennung seiner Herrschaft zurückkehren wollten, Frieden und Verzeihung verkünden ließ.[3]) Auf der Südseite der Donau unterwarf er das Land bis zur Raab seiner Herrschaft. Auch Ödenburg mußte ihm nach kurzer Belagerung huldigen und erhielt durch besonderes Privileg Frieden und Recht der österreichischen Städte für alle Länder des Königs.[4]) Rudolf von Habsburg hat dann zu Ende des Jahres 1276 das gewonnene Gebiet an Ungarn zurückgegeben.[5]) Im nächsten Jahre galt wieder die Gegend von Hainburg und Bruck an der Leitha als unmittelbar an der ungarischen Grenze gelegen.[6])

In jener Zeit gelang es den aus deutschen Gästen hervorgegangenen Güssingern, dem mächtigsten der in Deutschwestungarn ansässigen deutschen Adelsgeschlechter, sich eine fast unabhängige Stellung zu erringen, so daß sie abwechselnd mit dem ungarischen König und mit Österreich im Kriege lagen. Im Jahre 1289 und 1290 nun zog Herzog Albrecht von Österreich mit einem großen Heer über die ungarische Grenze und eroberte in wiederholten Zügen von den Güssingern und ihren Genossen Martinsdorff (jetzt Mattersdorf, Nagy Marton), Ödenburg, Ungarisch-Altenburg, Güssing, Preßburg, Tyrnau und etwa 35 andere namentlich aufgezählte Burgen und Orte Deutschwestungarns.[7]) Als dann aber nach dem Tode Ladislaus' des Kumanen, nachdem noch einmal Rudolf von Habsburg Lehnsansprüche auf Ungarn geltend zu machen gesucht hatte, indem er es als erledigtes Reichslehen einzog und an seinen Sohn Albrecht von Österreich verlieh, schließlich Andreas III. sich durchzusetzen vermochte und schon im Jahre 1291 einen Feldzug nach Österreich unternahm, der zur Belagerung Wiens führte, verstand sich Herzog Albrecht dazu, seine Eroberungen auf ungarischem Boden wieder herauszugeben.[8])

---

1) *Cont. Vindob. SS.* IX, p. 705. 11. 2) A. a. O. p. 705. 3) A. a. O. p. 705.
4) A. a. O. p. 705. 5) A. a. O. ad a. 1276, p. 708, 41. 6) A. a. O., p. 709.
7) *Cont. Vindob., SS.* IX, p. 715, 22 f.; *Ottokars Österreichische Reimchronik*, V. 29 770—30 972, *MG., Deutsche Chroniken* V 1, S. 391—406.
8) *Cont. Vindob.* p. 716 f., *Ottokar*, V. 44061 ff., S. 571.

IV. Die Gäste unter Ladislaus I. und Koloman.

Die Stellung Geisas I. und Ladislaus' I. zu den Deutschen. Aufnahme von deutschen Flüchtlingen.

Wenn Geisa und nach ihm Ladislaus im Kampf gegen den deutschen König und dessen Schützling emporgekommen waren, so bedeutete das doch — ebensowenig wie bei ihrem Vater und Oheim — keineswegs einen Gegensatz gegen die Deutschen als solche. Vielmehr standen sie in engster Verbindung mit den deutschen Gegnern Heinrichs IV. Ihre Schwester Sophie wurde die Gattin des Sachsenherzogs Magnus [1]), der in den 70er Jahren noch einer der erbittertsten Gegner Heinrichs war, und Ladislaus selbst heiratete eine der Töchter des Gegenkönigs Rudolf von Schwaben. [2]) Noch im Jahre 1087 soll Ladislaus der kaiserfeindlichen deutschen Partei versprochen haben, sie mit 20000 Reitern zu unterstützen. [3]) Es lag daher kein Grund dafür vor, daß der politische Gegensatz gegen den Kaiser die Stellung der beiden ungarischen Könige zu den deutschen Gästen ungünstig beeinflußt hätte. Im Gegenteil, es werden gerade in jener Zeit nicht wenige Deutsche nach Ungarn gewandert sein. Denn Ungarn bildete den Zufluchtsort für viele, die durch Heinrich IV. oder auch durch dessen Gegner, dauernd oder vorübergehend aus ihrer Heimat vertrieben wurden. Einer der Hauptgegner des Kaisers in Bayern war Graf Eggbert von Formbach und Neuburg am unteren Inn, der durch seine Gattin Mathilde, die Tochter des karantanischen Markgrafen Gottfried auch in der Gegend von Pütten begütert war. Jenen Eggbert nun zwang Heinrich gegen Ende des Jahres 1077, nachdem er seine Burgen gebrochen hatte, mit seiner Gattin und allen seinen Anhängern nach Ungarn zu entfliehen. [4]) Aus einem Schreiben Papst Gregors VII. vom 21. 3. 1079 erfahren wir, daß außer Eggbert noch zwei andere Grafen, die Heinrich vertrieben hatte, in Ungarn mit ihren Dienstmannen eine Zufluchtsstätte gefunden hatten. [5]) Da ihre Rückkehr nach Deutschland nirgends erwähnt wird, werden wir annehmen können, daß wenigstens ein Teil von ihnen mit ihren Kriegern als *hospites* dortgeblieben sind. Ähnlich wird es während des Jahrzehnte langen Streites manchen andern deutschen Flüchtlingen gegangen sein, deren Namen wegen einer weniger angesehenen Stellung nicht auf uns gekommen sind.

---

[1]) Vgl. oben S. 80.

[2]) *Bernoldi chron.* ad a. 1090, *SS.* V, p. 450,22: Soror quoque praefati ducis (sc. Bertholdi, filii Roudolfi regis) regina Ungarorum eodem mense obiit.

[3]) *Bernoldi chron.* ad a. 1087, *SS.* V, p. 446,35.

[4]) *Bertholdi ann.* ad a. 1077, *SS.* V, p. 302,20.

[5]) Jaffé, *Bibl.* II, p. 365.

Verwendung von Gästen des Kriegerstandes in geschlossenen Ansiedlungen.

In welcher Weise wir uns die Aufnahme solcher Flüchtlinge und ihres Gefolges in Ungarn im einzelnen zu denken haben, zeigt die Darstellung, die Cosmas von Prag von der Aufnahme des böhmischen Königssohns Bretislaw durch Ladislaus I. gibt. Im Jahre 1091 nämlich kam eine große Schar von böhmischen Kriegern, angeblich 2000, unter dem eigenen Sohn König Wratislaws unter Mitnahme ihres Viehs und ihrer Sklaven als Flüchtlinge nach Ungarn und traten dort in den Dienst des Königs. Nur der Herzog selbst und wenige Begleiter durften sich am Königshof aufhalten. Die übrigen erhielten als Wohnsitz einen Ort namens Banoy in der Nähe der Komitatsburg Trentschin (vielleicht Banow bei Ung. Brod, jetzt in Mähren gelegen) angewiesen und wurden aus den benachbarten Gegenden mit Lebensmitteln versorgt. Da sie ausgezogen waren, „um sich ihr Brot in der Fremde zu suchen“, werden sie auch dem Ungarkönig zu Diensten verpflichtet gewesen sein, und der in den Bergen und Wäldern der Grenzwildnis gelegene Aufenthaltsort macht es wahrscheinlich, daß sie die Stellung von Grenzwächtern einnahmen.[1]) Die ungarische Grenze gegen Mähren folgte nämlich in jener Zeit dem Lauf der March ein gutes Stück weiter nach Norden, als es später bis zum Frieden von Trianon der Fall gewesen ist. Nicht nur in jener Gegend sich findende Ortsnamen, wie Ungarisch-Brod und Ung.-Ostrau weisen darauf hin, sondern Cosmas erwähnt bei seiner Schilderung der Kämpfe des Jahres 1116 ausdrücklich, daß der Bach Olzava (= Olsawa) zu seiner Zeit die Grenze zwischen „Pannonien“ und Mähren bildete. Der bei dieser Gelegenheit genannte Ort *Lucsco*, der wohl mit Recht für das heutige Hluk östlich von Ung.-Ostrau angesehen wird, lag nach seiner Darstellung auf ungarischem Boden.[2])

Der Aufenthalt jener böhmischen Gäste dauerte allerdings nur ein Jahr, da Bretislaw schon im Jahre 1092, nach dem Tode seines Vaters und Oheims, zur Regierung in Böhmen gelangte. Wir können aber aus den Angaben über sie auf eine ähnliche Art der Aufnahme und Stellung auch der in gleicher Lage befindlichen deutschen Flüchtlingsscharen schließen. Es hat demnach in dieser Zeit neben den abenteuernden Rittern nach Art des Ruodlieb, die einzeln und auf eigene Faust ins Land kamen und hier nicht nur in den Dienst des Königs, sondern auch jedes beliebigen andern Herrn traten, wie uns das in den Gesetzen Stephans des Heiligen entgegentritt, auch solche

---

1) *Cosmas, Chr. Boem.* II, 48, SS. IX, p. 99,41 ff.

2) *Cosm.* III, 42, SS. IX, p. 122,42.

Dienstleute gegeben, die im Gefolge eines vertriebenen Grafen oder sonstigen Fürsten nach Ungarn kamen. Diese nun scheint man nicht voneinander getrennt und auf die verschiedenen Teile des Landes verteilt zu haben, sondern verwandte sie, wie schon im Jahre 1053 die damals mit ihrem Führer in den Dienst des Ungarnkönigs getretenen Dienstleute Herzog Konrads von Bayern, als geschlossene Einheit und wies ihnen einen bestimmten Ort zum gemeinsamen Wohnsitz an. Ein ähnliches Verfahren schlug man ja auch den gleichfalls als Flüchtlinge ins Land gekommenen und als Grenzwächter angesetzten Scharen der Petschenegen gegenüber ein.

Frankavilla und Frankochorion.

Als Beispiel dieser Art der Ansiedlung von Gästen kriegerischen Berufs haben wir etwa aus derselben Zeit, vom Beginn des ersten Kreuzzugs, eine Nachricht vom entgegengesetzten Ende des Landes, wo wir als Wohnsitz „fränkischer" Gäste des Königs, die wahrscheinlich gleichfalls mit der Grenzsicherung betraut waren, zwischen der Sau und der Draumündung zu Beginn des ersten Kreuzzugs einen Ort finden, der nach ihnen als *Francavilla* oder *villa Francorum advenarum* bezeichnet wurde.[1]) Daß ihre Aufgabe vorwiegend militärlich war, geht aus der Lage ihres Wohnsitzes dicht an der bulgarischen (serbischen) bzw. griechischen Grenze hervor, sowie auch daraus, daß zu Beginn des 12. Jh.s „fränkische" Ritter sich an bulgarischen Feldzügen König Stephans II. beteiligten, die von dieser Gegend ihren Ausgang nahmen.[2]) Man darf sich durch den Ausdruck „*villa*", den Albert für die Ansiedlungen anwendet, nicht verführen lassen, darin ein „Dorf" mit ländlichen Kolonisten zu sehen, wie das meist geschehen ist. Denn die Bezeichnung „*villa*" beschränkt sich keineswegs auf Dörfer im heutigen Sinne. Lampert von Hersfeld nennt z. B. sogar Goslar, den Mittelpunkt Sachsens und Lieblingssitz der Kaiser Heinrich III. und Heinrich IV., eine „durch tapfere Männer, Wall und Pallisaden auf allen Seiten befestigte „*villa*", welche die kaiserliche Besatzung der Harzburg nicht anzugreifen wagte.[3]) Albert selbst bezeichnet das heutige Semlin einmal als *villa* und einmal als *castellum*, und auch die ungarischen Städte des späteren Mittelalters, die allerdings vor dem Mongoleneinfall meist nur schwach oder gar nicht befestigt waren, werden fast immer als *villae* bezeichnet.

Unter dem Namen „Franken" werden zwar — im Gegensatz zur Zeit der Ottonen — im späteren Mittelalter am häufigsten die Fran-

---

[1]) *A. A. H. H.* I, 10, Migne, *P. L.* 166, p. 395 A: nuntius quidam de villa advenarum Francorum. Ebendort II, 5, p. 414 A: . . . usque ad locum, qui dicitur Francavilla.

[2]) Vgl. unten S. 120 und 122. [3]) *Lamp.* ad a. 1073, Sch. p. 171.

zosen verstanden, sehr oft aber auch damals noch, abgesehen von der stets im Gebrauch gebliebenen Stammesbezeichnung der Rhein- und Mainfranken, die Deutschen insgesamt. Noch Otto von Freising und Rahewin verwenden den Namen bald für die Franzosen (als Westfranken), bald für die Deutschen.[1]) Gerade im Osten, bei den Byzantinern, die zwar in ihren gelehrten und antikisierenden Chroniken mit der Anwendung von Volksnamen sehr inkonsequent sind, aber für den Sprachgebrauch des täglichen Lebens doch feste Ausdrücke auch auf diesem Gebiet gehabt haben müssen, werden zu jener Zeit als „Franken" alle Abendländer bezeichnet[2]), vor allem auch gerade die Deutschen, an denen dieser Name dort ursprünglich ausschließlich gehaftet hatte.[3]) Mit den Griechen aber mußten die in Sirmien wohnenden Gäste in enge Berührung kommen und werden daher auch von ihnen den Namen „Franken" erhalten haben, wie ja auch die Byzantiner nach ihnen das ganze sirmische Gebiet als *Φραγγοχώριον* bezeichnet haben.[4])

Man hat gewöhnlich versucht, diesen Namen der Landschaft daraus zu erklären, daß sie im 9. Jh. eine Zeitlang unter fränkischer Oberhoheit gestanden hatte. Das Unnatürliche und Gesuchte dieser Erklärung liegt auf der Hand, zumal da eine Andeutung des Konstantinos Porphyrogennetos über eine besondere *Φραγγία* „zwischen Kroatien und Venetien" [5]), auf die man sich hat stützen wollen, mit dem in Sirmien gelegenen Frankochorion nichts zu tun haben kann, sondern sich auf die Gegend Krains, des Küstenlandes oder Friauls beziehen muß. — Das Land kann vielmehr nur nach den, auch außerhalb jenes „*Franka villa*", darin wohnenden „fränkischen" Kriegern seinen Namen erhalten haben.[6]) Ein Schluß auf die Nationalität läßt sich nach dem Gesagten aus dem Namen „Franken" nicht

---

[1]) Z. Beisp. *G. Frid.* II 30, Sch. 1912, p. 138: Nondum facta est Francorum sive Teutonicorum manus invalida; II 51, p. 158, 28: sicut Francis praesentia sua pacem reddidit, sic Italis absentia subtraxit und oft.

[2]) *Ottonis Fris. chron.*, p. 313: proceres Francorum, sic enim omnes occidentales populos ob antiquam gentis illius dignitatem, ut puto, et virtutem orientales appellare solent. Die byzantinischen Chronisten verwenden als Synonymon auch den Namen *Λατῖνοι*. Vgl. unten, S. 123, Anm. 5.

[3]) Vgl. *Konst. Porph. de adm. imp.* p. 144, 8: *Φραγγίας τῆς καὶ Σαξίας* und oft, auch bei anderen Schriftstellern jener Zeit.

[4]) Niketas Choniates, p. 25, 5 der Bonner Ausgabe, und ähnlich p. 122, 18. Auch Italiener wurden in Ungarn als Franken bezeichnet, da einer der unter Geisa II. in der Nähe von Kalocsa von vertriebenen Mailändern gegründeten Orte gleichfalls den Namen „*Francavilla*" führte. Vgl. unten S. 123, Anm. 2.

[5]) Konst. Porph., *de adm. imp.* cap. 31, p. 150, 1.

[6]) Albertus Aquensis, der die Nachricht von der *villa advenarum Francorum* bringt, ist meiner Überzeugung nach kein Deutscher, sondern ein Franzose, stammt also nicht aus Aachen, sondern aus Aix. Buch I, cap. 12, p. 396 D heißt es bei

ziehen. Es werden freilich auch Franzosen unter ihnen eine Rolle gespielt haben, aber nicht ausschließlich sie, sondern auch Deutsche und Italiener. Wichtig ist jedenfalls die Feststellung der Tatsache, daß es schon im 11. Jh. geschlossene Ansiedlungen von abendländischen Gästen an den Grenzen des ungarischen Reiches gegeben hat; und da wir von anderer Seite wissen, daß um jene Zeit viele deutschen Flüchtlinge nach Ungarn gekommen sind, so werden gerade die Deutschen in diesen Ansiedlungen in erster Linie vertreten gewesen sein.

Aussöhnung des Ladislaus mit Heinrich IV.

Wenn auch LADISLAUS DER HEILIGE während des ersten Teils seiner Regierung aus politischen Gründen zur Partei Gregors VII. gehörte, so war er doch im Kampfe gegen Heinrich IV. mehr der Bundesgenosse der deutschen Fürsten, mit denen ihn sein Interesse und persönliche Beziehungen verbanden, als der des Papstes. Daher war er auch weit

---

ihm: Grave et durum nobis infortunium, ex furore insipientium Teutonicorum ortum, imminet. Solche und ähnliche Worte, die sich auch an anderen Stellen finden ließen, werden schwerlich von einem Deutschen stammen, auch wenn sie dem PETER VON AMIENS in den Mund gelegt sind. Die französische Herkunft Alberts hält auch WATTENBACH wenigstens nicht für ausgeschlossen. Albert bezeichet seine Landsleute gewöhnlich nicht schlechthin als *Franci*, sondern als *Francigenae* oder *Galli* (letzteres schließt allerdings die Deutschen gelegentlich mit ein, so p. 414 A: in terram Osterreich ad civitatem Tollenburch (Tulln), ubi fluvius Lintax regnum Galliae terminat), und unterscheidet ausdrücklich zwischen westlichen und östlichen Franken; p. 391, D: conventum totius occidentalis Franciae.

Man ist sogar so weit gegangen, zu behaupten, daß die Bewohner Frankavillas „eine französische Kolonie aus den Tagen Karls des Großen" darstellten, und „bis zum Ende des 11. Jh.s französische Sprache und Art bewahrten". (THEODOR WOLFF, *Die Bauernkreuzzüge des Jahres 1096*, Tübingen 1891, S. 132 f., jedenfalls im Gefolge eines mir unbekannten Vorgängers). Davon kann natürlich nicht die Rede sein, da alle Voraussetzungen dazu fehlen. — Da Wolff ständig „*Francheville*" schreibt, ebenso, wie er das in der Nähe gelegene Semlin „*Maleville*" nennt, will ich bemerken, daß die Anhängung des *-villa*" wahrscheinlich allein auf Rechnung des Albertus oder der Kreuzfahrer, von denen er seine Nachricht erhielt, zu setzen ist, da er bei der Wiedergabe von Ortsnamen mitunter recht frei verfährt und gerade mit der Anhängung von „-stadt" oder „-burg" bezeichnenden Silben freigebig ist. Eine Ableitung vom französischen *franc* ist schon dadurch ausgeschlossen, daß der Ort ja an anderer Stelle als *villa Francorum advenarum* erscheint. Es ist möglich, daß der Ort noch im 13. Jh. zur Zeit des Tartareneinfalls als eine der von den Kumanen zerstörten *meliores villae* (d. h. Städte) unter der Form *Franka* erscheint, denn ROGERIUS sagt, SS. XXIX, p. 557, 8: destructis melioribus villis, scilicet Franka villa senatoria Sancti Martini et aliis ... in Bulgariam transierunt. Da die Kumanen unmittelbar nach der Plünderung die bulgarische (serbische) Grenze überschreiten, ist es wahrscheinlich, daß die „*marchia*", in der die Plünderungen stattfanden, nicht an der deutschen Grenze, wo man sie gesucht hat, gelegen war, sondern daß es sich eben um Sirmien handelt.

davon entfernt, dessen Ansprüche auf Lehnshoheit über Ungarn anzuerkennen. Gregor belobte ihn zwar wegen seiner Stellungnahme gegen Heinrich IV., die in Wahrheit allein durch dessen Eintreten für seinen Schwager Salomo bedingt war, doch lassen trotzdem seine Briefe eine gewisse Unzufriedenheit mit Ladislaus durchblicken.[1]) Als dann später mit dem Tode Salomos der Grund der Feindschaft mit dem Kaiser wegfiel, war Ladislaus nicht abgeneigt, sich völlig mit dem Kaiser auszusöhnen, wie es ein Jahrzehnt zuvor auch sein Schwager Magnus von Sachsen getan hatte. Zwar wurde eine für das Jahr 1092 zwischen beiden geplante Zusammenkunft durch das Dazwischentreten des Herzogs Welf von Bayern zunächst vereitelt[2]); dennoch muß aber kurz darauf tatsächlich ein Bündnisvertrag zwischen beiden Herrschern zustande gekommen sein, da sich der Kaiser im Jahre 1096 in einem Brief an Herzog Almus ausdrücklich darauf bezieht.[3]) Bestätigt wird dieser Anschluß Ungarns an die Partei des Kaisers in den letzten Jahren der Regierung Ladislaus des Heiligen durch einen Brief, den Papst Urban II. Ende Juli 1096 an Koloman richtete. Er beschwerte sich nämlich darin, daß Ungarn schon längere Zeit den Weg der Kirche verlassen und der ketzerischen Partei Wiberts (Clemens' III.) und seiner Genossen angehangen habe, und hofft, daß Koloman wieder auf den Weg Stephans zurückkehren werde.[4])

Aufnahme von abendländischen Sklaven in Ungarn im Jahre 1096.

In den Beginn von Kolomans Regierung fällt eine neue und andersartige Welle des Hereinströmens von fremden Elementen nach Ungarn, bei der es sich allerdings nicht um freie Gäste, sondern um Sklaven handelt. Den Anlaß dazu bot das Scheitern der verschiedenen regellosen Züge, die im Jahre 1096 dem ersten Kreuzzug unmittelbar

[1]) *Reg. Greg.* VII., IV, 25, vom 9. Juni 1077, an den Erzbischof Nehemia von Gran, Caspar S. 340, 11: . . . ammonemus . . . ut regem . . . . alloquaris . . . ., ut apertius nobis suam voluntatem et erga reverentiam sedis apistolice debitam per idoneos legatos denuntiet devotionem. Das Nähere soll der Überbringer mündlich mitteilen. *Reg.* VI, 29, vom 21. 3. 1079, an Ladislaus selbst, Jaffé, *Bibl.* II, p. 366: Liquet autem, neminem a te legatum ad nos inde remisisse . . . . quo et nuncios, si nondum misisti, non ulterius mittere negligas.

[2]) *Bernoldi chr.* ad a. 1092, SS. V, p. 453.

[3]) *Cod. Udalr.* 88, Jaffé, *Bibl.* V, p. 173: et fedus, quod cum patruo tuo inivimus, ab hac die in antea volumus tibi illibatum servare omni tempore vitae nostrae.

[4]) Jaffé, *Reg. Pont. Rom.* ²., I, p. 689, Nr. 5662 = Migne, *P. L.* 151, p. 480 ff., besonders die Stelle p. 481 unten: Inter has diabolicae persecutionis procellas iam diu regnum tuum ab apostolicae sedis oboidientia descivit et erroris huius principibus administris deditum per latioris viae devia seductum est. — Marczali, *A. m. n. tört.* II, S. 186, Anm. 3, sucht den Brief, der an sich nur vom 27. Juli, ohne

vorausgingen, und an denen sich in erster Linie Franzosen, zum Teil aber auch Deutsche und Angehörige anderer Nationen beteiligt hatten. Diese Züge waren zwar durch den Aufruf des Papstes zu Clermont und religiöse Motive hervorgerufen worden, doch bildete für ihre gewaltige Ausdehnung neben der Abenteuerlust gewisser Elemente besonders die in Westeuropa seit Jahren herrschende Hungersnot eine der Hauptursachen. Daher erklärt sich auch der große Anteil, den gerade die unteren Bevölkerungsschichten, die freien Bauern, an der Kreuzfahrt hatten, und daß diese Haus und Hof verkauften und zum großen Teil mit Weib und Kind und ihrer ganzen Habe geradezu auswanderten.[1]) Im Heer Walter Senzavehors sollen sich neben einer gewaltigen Menge von Fußgängern nur 8 Berittene befunden haben[2]), und für das Heer Emichos von Leiningen wurde die Zahl der Berittenen auf $1^1/_2$ % der Gesamtmenge geschätzt.[3])

Zwar Walter Senzavehor und Peter von Amiens selbst, die in ihren Scharen noch einigermaßen Ordnung zu halten vermochten, kamen ziemlich unbehelligt durch Ungarn hindurch; erst auf bulgarischem Boden hatten sie stärkere Verluste. Denn hier wurde gleich anfangs der hinterste Teil der Schar Peters durch bulgarische, kumanische, petschenegische und ungarische Krieger überfallen und die Frauen, Mädchen und Knaben, die sich hier befanden, geraubt; sie mußten für immer als Gefangene in Bulgarien bleiben.[4]) — Schlimmer erging es den Scharen Folkmars, die durch Plünderungen den Widerstand der Ungarn hervorriefen und bei Neutra teils getötet, teils in Gefangenschaft geführt wurden.[5]) Das gleiche Schicksal hatte das Heer Gotschalks, das nach Ausschreitungen gegen die ungarische Bevölkerung wahrscheinlich in der Nähe des Klosters Martinsberg — angeblich

---

Jahresangabe datiert ist, ins Jahr 1095 zu verlegen, doch mit Unrecht. Denn wenn der Brief auch offenbar der erste ist, den Urban II. an Koloman gerichtet hat und wenn auch keine Andeutung über den im Jahre 1096 beginnenden Kreuzzug darin enthalten ist, so setzt er doch die Krönung Kolomans voraus, und diese erfolgte nach den Ann. Poson., SS. XIX, p. 572,26 im Jahre nach dem Tode des Ladislaus, also 1096 (statt 1098, wie die in Jahreszahlen fast immer ungenaue Quelle angibt).

[1]) Vgl. die Schilderung Frutolfs in *Ekkehardi chr. univ.*, *SS.* VI, p. 213,48ff.; ferner *Bernoldi chr.*, *SS.* V, p. 464,20: innumerabilis multitudo popularium, *Ann. August.*, *SS.* III, p. 134,44: . . . et ex diversis negotiis, adductis vel relictis coniugibus et liberis coloni et mulieres. *Cosmas SS.* IX, p. 103,25: Ut perpauci in Teuthonicis partibus et maxime in orientali Francia per urbes et villas remanerent coloni.

[2]) *A. A. H. H.* I, 7, Migne, *P. L.* 166, p. 392 A.

[3]) *A. A. H. H.* p. 408, B: Erant enim ducenta millia equitum et peditum sed equitum vix ad tria millia computabatur numerus. Beide Zahlen sind natürlich gewaltig übertrieben.

[4]) *A. A. H. H.* I a, p. 395. [5]) *Ekkeh. chr. univ.*, *SS.* VI, p. 215,14.

durch verräterischen Vertragsbruch König Kolomans und seiner Leute, die sich erst von den Kreuzfahrern ihre Waffen und Schätze hätten ausliefern lassen und dann die Wehrlosen überfielen — niedergemacht oder gefangengenommen wurde.[1])

Der nächsten Kreuzfahrerschar, die vom Grafen Emicho geführt wurde, verweigerte man von Anfang an den Durchzug durch die ungarischen Grenzbefestigungsanlagen. Daher verheerten Emicho und seine Genossen die westlich von der Befestigungslinie gelegenen Teile Ungarns.[2]) Bei dem Versuch, Wieselburg zu stürmen, ereilte sie dann das Verhängnis: Das Heer wurde teils niedergemacht, teils verjagt, teils, besonders die Frauen und Kinder, in die Gefangenschaft und und damit in die Knechtschaft geführt.[3]) Die Reste kehrten nur zum Teil in ihre Heimat zurück, zum Teil aber wandten sie sich anderswohin, was für den Charakter jener Züge als Auswanderungsbewegungen kennzeichnend ist.[4]) Man kann in ihnen geradezu eine Vorstufe der großen Auswanderungsbewegungen des nächsten Jahrhunderts sehen, nur daß sie sich im Jahre 1096 im wesentlichen auf die französischen Gebiete und den angrenzenden deutschen Westen beschränkt hat. Bei den übrigen Deutschen, die sich an den Zügen beteiligten, bildeten nicht die materielle Not, sondern religiöse Ideen das Hauptmotiv, da sie anfänglich, bevor die Kreuzpredigten ihre Wirkung ausüben konnten, dem Zuge ablehnend und verständnislos gegenüberstanden.[5])

Die Gefangenen wurden in Ungarn als Sklaven, bzw. Hörige behandelt, also verkauft, nur die vornehmeren werden vielleicht in die Klasse der *milites* und *cives* (Burgmannen) eingetreten sein. Davon, daß eine Auslösung der Gefangenen erfolgte, ist nirgends die Rede, abgesehen davon, daß Kaiser Heinrich IV. in dem schon oben angeführten Brief an Kolomans Bruder Almus, der als Herzog Anteil an der Regierung hatte[6]), diesen aufforderte, sich bei seinem Bruder für die Rückgabe der gefangenen Hörigen des Salzburger Gegenerzbischofes Berchthold und anderer Anhänger des Kaisers zu verwenden.[7]) Daß Koloman dieser Aufforderung Folge leistete, erscheint immerhin zweifelhaft, da er auch die andere Bitte des Briefes, nämlich mit seinem

---

[1]) *Ekkeh. SS.* VI, p. 215,20 und *A. A. H. H.*, p. 406.

[2]) *A. A. H. H.* p. 408 C: Hinc .... ineunt consilium, ut regis terras ex hac parte iacentes vastarent. Es handelt sich wohl in der Hauptsache um den sogenannten *Haidboden*, der also damals bereits besiedelt gewesen sein muß, und das südlich davon gelegene Gebiet, das von Otto v. Freis. (G. Fr. I, 33.) *Virvelt* genannt wird.

[3]) *Ann. August.*, *SS.* III, p. 134,50; A. A. H. H. a. a. O.

[4]) *Ann. August.*, *SS.* III, p. 135, 2: quidam ad patriam, quidam ad loca alia remearunt.

[5]) M. v. Knonau, *Jbb. Heinrichs* IV., IV, S. 485.

[6]) *Ann. Pos.* ad a. 1097 (statt 1095), *SS.* XIX, p 572,24. ... 1098 (statt 1096).

[7]) *Udalrici Cod.* 88, Jaffé, *Bibl.* V, p. 173 unten.

noch von der Bekämpfung der Kreuzfahrer her an der Grenze stehenden Heere die Besitzungen Herzogs Welf von Bayern anzugreifen, nicht erfüllt hat. Für die Rückgabe der übrigen Gefangenen scheint sich nicht einmal jemand verwandt zu haben. Ihnen wird das gleiche Schicksal zuteil geworden sein, wie es für die in Bulgarien Gefangenen ausdrücklich berichtet wird[1]), daß sie nämlich dauernd als Knechte dort bleiben mußten. Cosmas gibt gerade als Anlaß für den mißlungenen Feldzug Heinrichs V. vom Jahre 1108 zugunsten des vertriebenen Herzogs Almus an, er habe dafür Rache nehmen wollen, daß die Kreuzfahrer von den Ungarn teils getötet, teils in die Knechtschaft geführt worden seien.[2])

Geringes Vorhandensein von deutschen Sklaven oder Hörigen in Ungarn.

Obgleich nun die Zahl dieser gefangenen und in die Sklaverei verkauften Kreuzfahrer nicht klein gewesen sein wird, so verschwanden sie doch völlig in der Masse der Hörigen ungarischer und slawischer Nationalität, wie aus den Urkunden der nächsten Jahrzehnte hervorgeht, besonders aus derjenigen für das Kloster Dömös (am rechten Donauufer, oberhalb des Knies von Waitzen), die das Datum des Jahres 1138 trägt.[3]) Neben Hunderten von Hörigen mit fremdem Personennamen werden hier nur ganz vereinzelt etwa ein halbes Dutzend deutsche Namen genannt. Ein Gesetz König Kolomans erlaubt, Sklaven fremder Nationalität, die nicht in Ungarn geboren sind, über die Grenze ins Ausland zu verkaufen[4]), und von dieser Erlaubnis wird reichlich Gebrauch gemacht worden sein. Die übrigen aber werden, da sie nicht zusammenbleiben konnten, sondern ihren neuen Herren in die verschiedensten ungarischen Dörfer folgen mußten, schon in der 2. Generation völlig zu Ungarn geworden sein. Aus den wenigen deutschen Eigennamen der Urkunde für Dömös wird man daher gerade den entgegengesetzten Schluß ziehen müssen, den Kaindl daraus ziehen zu können geglaubt hat.[5]) Er zieht sie nämlich als Zeugnis heran für ein zahlreiches Fortleben der zur Zeit der Landnahme unterworfenen deutschen Ansiedler in Pannonien oder der in heidnischer Zeit in Deutschland gemachten Gefangenen. Er verfährt dabei in der Weise, daß er die in der Urkunde durch etwa je hundert fremde voneinander getrennten deutschen Namen so nebeneinander stellt, als ob sie alle in einer einzigen Ortschaft, und zwar in Dömös selbst, gewohnt hätten, während sie sich in Wirklichkeit auf Dörfer in allen Gegenden Ungarns verteilen und jeder einzelne von ihnen in seinem Dorfe der einzige

[1]) Vgl. oben S. 98, Anm. 4.
[2]) *SS.* IX, p. 112, 33.
[3]) *Fejér*, C. D. H. II, p. 94—109.
[4]) Vgl. hierüber unten S. 115.
[5]) G. D. Kl. II, S. 12 f.

ist, der einen deutschen Namen trägt. Unter diesen Verhältnissen aber hätten sie unmöglich Jahrhunderte hindurch ihr Volkstum bewahren können, auch abgesehen davon, daß sie als Christen zur Zeit der Bekehrung größtenteils freigelassen worden wären.[1]) Falls wir also jene Träger deutscher Namen auch wirklich als Deutsche betrachten können — an sich berechtigt ja ein Personenname nicht ohne weiteres zu einem Schluß auf die Nationalität des Trägers — so werden wir es mit Gefangenen des Kreuzzuges und späterer Feldzüge zu tun haben. Bot ja noch im 12. Jh. außer den beständigen Grenzkriegen zwischen Ungarn und der Steiermark[2]) noch Heinrichs V. mißlungener Feldzug vom Jahre 1108 zugunsten des vertriebenen Herzogs Almus Gelegenheit genug, deutsche Gefangene zu machen.

Der Feldzug des Jahres 1108.

Als äußerer Anlaß zu diesem Feldzug wurde übrigens außer dem von Cosmas angegebenen der Rache für den Kreuzfahrermord auch geltend gemacht, daß Koloman, der vor kurzem des Ladislaus Eroberung des Königreichs Kroatien durch Erwerbung des Küstengebiets mit der Stadt Zara vollendet hatte[3]), dadurch die Grenzen des Reichs verletzt habe.[4]) Um eine Erinnerung an die Verhältnisse der Karolingerzeit, in der das Land vorübergehend unter fränkischer Oberhoheit gestanden hatte, an die Meyer von Knonau denkt[5]), wird es sich hierbei nicht allein handeln, sondern auch um Ereignisse der letzten Vergangenheit. In der *Wiener Bilderchronik* wird nämlich berichtet — eine Nachricht die für die Quellenkritik von Wichtigkeit sein dürfte, da sie die Möglichkeit bestätigt, daß die Interpolationen der Wiener Bilderchronik neben vielem Fabelhaften auch wertvolles Material enthalten — daß König Salomo zu Beginn seiner Regierung zusammen mit Herzog Geisa auf die Bitte des kroatischen Königs Zolomer nach Dalmatien gezogen sei und die Kärntner, die einen Teil des Landes an der Grenze Dalmatiens in Besitz genommen hatten, wieder verjagte.[6]) Es wird sich also bei den Übergriffen Kolomans im Jahre 1108 darum handeln, daß er sich bei der Besitznahme Kroatiens auch ein zwischen den Kärntnern und dem kroatischen Königreich strittiges Grenzgebiet angeeignet hatte.

---

[1]) Vgl. oben S. 29, Anm. 2. [2]) Vgl. oben S. 67.

[3]) *Ann. Pos.* ad a. 1108, *SS.* XIX, p. 512,25.

[4]) *Ekkeh. chr. univ.*, *SS.* VI, p. 242: insuper etiam, quod idem Colomannus fines regni nostri, scilicet in locis maritimis invaserit.

[5]) *Jbb. Heinr. IV. u. V.*, Bd. IV, S. 82 oben.

[6]) *Chr. Vind. P.*, *Flor.* II, p. 170 oben: . . . rex Zolomerus Dalmacie . . . regem Salomonem et ducem Geysam . . . rogavit . . ., ut . . . contra adversarios suos scilicet Carantanos ipsum adiuvarent, qui tunc marchiam Dalmacie occupaverant etc. Die deutschen Ansprüche des Mittelalters auf Kroatien und Dalmatien gedenke ich in anderem Zusammenhange zu behandeln.

Erfolg hat der Feldzug Heinrichs V. bekanntlich nicht gehabt: Die Belagerung Preßburgs blieb vergeblich[1]; die Restituierung des Almus konnte nicht durchgeführt werden. Nachdem später noch einmal eine wenigstens äußerliche Versöhnung zwischen den Brüdern stattgefunden hatte[2], ließ Koloman gegen Ende seiner Regierung sowohl den Almus wie dessen kleinen Sohn Béla blenden[3], um so die Nachfolge seines eigenen Sohnes Stephan sicherzustellen. —

V. Die soziale Stellung und Wirksamkeit der Gäste.

Die ungarischen Gesetze als die Hauptquelle.

Für die wirtschaftlichen und sozialen Verhältnisse Ungarns unter der Regierung der beiden bedeutenden Herrscher Ladislaus und Koloman haben wir eine authentische Quelle in den großen Gesetzgebungen, die unter ihnen zur Durchführung gelangten. Von den drei Dekreten Ladislaus des Heiligen gehört das erste in das Ende seiner Regierung, da es vom Jahre 1093 datiert ist. Die beiden andern entstammen wahrscheinlich dem vorhergehenden Jahrzehnt, doch setzt das dritte die Heiligsprechung Stephans I. im Jahre 1083 schon voraus. Büdinger suchte nachzuweisen[4], das dieses 3. Dekret schon aus dem Anfang der Regierung Salomos stamme, weil darin die Rückgabe von herrenlosem Gut verlangt wird, das seit den Zeiten der Könige Andreas und Béla dem König und seinen Grafen, denen es zusteht, entzogen worden ist, obgleich nach Büdingers Meinung die Usuraption schon längst hätte verjährt sein müssen, wenn das Dekret aus der Zeit des Ladislaus stammen würde. Die zahlreichen Strafbestimmungen gegen Räuber und Diebe verwiesen zudem auf eine verwilderte Zeit, und so

---

[1]) *Ekkeh. ch. un., SS.* VI, p. 242,40.

[2]) *Ann. Pos.* ad a. 1114. *SS.* XIX, p. 572,29: Almus dux cum rege pacificatus est. Da die Annalen für diese Zeit meist die Ereignisse um 3 Jahre zu spät melden, muß diese Versöhnung etwa in das Jahr 1111 fallen, was mit der Darstellung der *Wiener Bilderchronik* p. 204 oben, die den Herzog vorher erst nach Jerusalem wallfahrten läßt und im ganzen 4 Versöhnungen kennt, ungefähr übereinstimmt. Der Herausgeber bezieht die Angabe der *Ann. Pos.* fälschlich auf eine frühere, von der Bilderchronik ins Jahr 1106 gesetzte (p. 203) Versöhnung. In der zweimaligen Flucht des Almus nach Passau und der zweimaligen Rückkehr von dort, der jedesmal eine Versöhnung mit Koloman folgt (p. 203: Anno domini MCVI reversus est dux Almus de Patavia, qui propter regis timorem illuc fugierat. p. 204: (Dux) fugit iterum ad Patavos und p. 205: Posthec rex reduxit ducem Almum ad pacem), haben wir es jedenfalls, wir öfter in den ungarischen Chroniken, mit einer Dublette zu tun, die zur Folge hat, daß Heinrichs V. Feldzug, völlig zuungunsten Kolomans entstellt, wie es der Tendenz des Darstellers entspricht, fälschlich erst ins Jahr 1113 gesetzt wird.

[3]) *Ann. Pos.* ad a. 1114 und ausführlich in der *Wiener Bilderchronik,* p. 205 f., die in Koloman überall nur den tyrannischen Bösewicht sieht.

[4]) *B. u. G.* S. 19 ff.

könne es sich nur um ein Dekret des Salomo handeln. Hierin sind ihm alle deutschen und ein großer Teil der ungarischen Forscher gefolgt. ERDÉLYI hat aber diese Datierung mit Recht abgelehnt[1]), weil das in Artikel 21 erwähnte Fest des heiligen Stephan[2]), sich auf den König und nicht auf den Märtyrer beziehen muß. Denn die hier geforderte Rückgabe des widerrechtlich seit der Zeit König Bélas zurückgehaltenen herrenlosen Guts bis zum Fest des heiligen Stephan steht in Zusammenhang mit der in Artikel 2 verlangten Rückgabe der seit der Zeit des Andreas und Béla zurückgehaltenen Sklaven und Burgmannen am Tage Mariä Himmelfahrt. Dieser Tag ist bekanntlich der Todestag Stephans[3]), und sein Fest, das 5 Tage darauf gefeiert wird, hatte schon frühzeitig in Ungarn die Bedeutung einer Art von Nationalfeiertag erlangt, zu dessen Feier selbst die böhmische Herzogin ADELHEID sich in ihre Heimat nach Ungarn begab.[4]) — Die übrigen von Büdinger vorgebrachten Argumente können meiner Meinung nach gar nichts beweisen. Auch eine besondere Grausamkeit gegenüber anderen Gesetzen oder den Beweis einer besonderen Verwilderung Ungarns zur Zeit des Dekrets kann ich nicht darin finden. Räuber und Diebe hat es sowohl vorher wie nachher bis in die Neuzeit hinein in großen Mengen gegeben, und wenn von den 30 Paragraphen dieses Dekrets nicht ganz die Hälfte von Diebstahl handeln, so sei darauf hingewiesen, daß das in dem sicher auf Ladislaus zurückgehenden[5]) zweiten Dekret bei fast allen Bestimmungen der Fall ist. — Für uns kommt indessen das dritte Dekret weniger in Betracht, da unmittelbar von Gästen darin nicht gesprochen wird. Um so mehr ist das dafür in den übrigen Gesetzgebungen aus der Zeit des Ladislaus und Koloman der Fall.

Hospites clerici.

Nach der Vollendung der Bekehrung Ungarns hatte der Zustrom fremder Kleriker in dies Land nicht aufgehört. Es vollzog sich aber insofern eine Änderung hierin, als jetzt nicht mehr die vom Bekehrungseifer getriebenen Missionare der cluniacensischen Richtung es waren, die sich in erster Linie nach Ungarn wandten, sondern vielmehr Geistliche, die aus irgendeinem Grunde ihre Heimat hatten verlassen müs-

---

1) *Ungarns Gesellschaft in den Gesetzen des 11. Jh.s*, Budapest 1907, S. 139.

2) *Endl.* p. 347 oben.

3) *AA.*, ad a. 1038, p. 23: Stephanus Ungrorum rex in die assumptionis sanctae Mariae terminum fecit carnalis vitae.

4) *Canon. Wissegr. contin. Cosmae,* SS. IX, p. 143, 44: Egregia ductrix Adleyta ardenter cupiens festo beati Stephani regis et confessoris adesse Pannoniam petiit. . . . . . .

5) Vgl. *Lad. decr.* II, 1, *Endl.* p. 334: Temporibus piissimi regis Ladisclavi. . . . .

sen und nun in Ungarn ein Unterkommen suchten. Da sich unter ihnen nicht wenige unlautere Elemente befunden haben werden, bestand für Ungarn die Gefahr, daß auf diese Weise das Niveau seiner Geistlichkeit auf eine niedrigere Stufe herabgedrückt würde. Um dieser Gefahr entgegenzutreten, griff man in Anlehnung an fränkische Kapitularien auf eine Bestimmung des Konzils von Nicäa (cap. 16) und späterer Konzilien zurück und nahm sie in etwas umgestalteter Form unter die Gesetze auf: Fremde Kleriker sollten nur dann aufgenommen werden, wenn sie im Besitz eines Empfehlungsschreibens ihres einheimischen Bischofs seien. Hatten sie keinen solchen Brief, so sollte gerichtlich, d. h. durch Gottesurteil[1]), entschieden werden, ob es sich nicht etwa um einen entlaufenen Mönch oder Mörder handelte.[2]) Die Bestimmung der ersten unter Koloman abgehaltenen Synode (d. h. Landesversammlung, da auch Laien daran teilnahmen) zu Gran gibt den Zusatz bezüglich des Gottesurteils auf und läßt nur solche fremde Priester zu, die gesetzmäßige Zeugen vorführen oder ein Empfehlungsschreiben ihres Bischofs vorweisen können.[3])

In den fränkischen Kapitularien sind im Anschluß an die frühchristlichen Konzilsbeschlüsse ähnliche Bestimmungen enthalten. In ihnen werden unter den „*peregrini clerici*“ nicht nur Ausländer, sondern alle aus einer fremden Diözese stammenden Geistlichen verstanden.[4]) In Ungarn ist dies nicht der Fall, da hier zunächst nur aus dem Ausland, und zwar aus dem Westen stammende Kleriker in Frage kamen. Diese Bedeutung des Ausdrucks *hospites clerici* wird durch die Fassung eines der Gesetze Ladislaus' ausdrücklich hervorgehoben.[5]) Das Wort *hospes* hat sich bereits fest mit dem Begriff des vor allem aus dem Westen kommenden Ausländers verknüpft. Soll es sich dagegen, wie in den Konzilsbeschlüssen und den Kapitularien, nur um Geistliche einer anderen Diözese handeln, so wird der Ausdruck *hospes* vermieden.[6])

Aus Deutschland werden vor allem solche Geistliche nach Ungarn

[1]) Iudicio. Vgl. *Endl.* p. 330, § 29. [2]) *Lad. decr.* I, 17, *Endl.* p. 329.

[3]) *Syn. Strig. prior,* Endl. p. 352 f: hospites clerici, qui de alienis partibus venerunt, aut legitimos testes producant, aut ad ferendam formatam redeant; si vero infamati sunt, omnino discedant nec redeant, nisi cum formata. Ähnlich auch im *Decr. Colom. regis* § 3, *Endl.* p. 361, wo das Gesetz auch auf die bereits anfgenommenen Priester und Diakone ausgedehnt ist.

[4]) *Admonitio generalis* vom 23. März 789, *MG., Capit.* I,1, p. 54, 18; p. 102, 27: Ut fugitivi clerici et peregrini a nullo recipiantur sine commendatitiis litteris; p. 133, 27. *Concil. Aquisgr., Capitt.* II, 1, p. 363, 5: Peregrinos clericos et lectores in alia civitate praeter commendatitias litteras sui episcopi nusquam penitus ministrare debere (*civitas = sedes episcopi, dioecesis*).

[5]) *Lad.* I, 17, p. 329: Si quis hospes clericus in hanc patriam .... venerit.

[6]) *Syn. Strig. prior,* p. 352, 19: nullus clericus de alio episcopatu vel provincia sine commendaticiis litteris suscipiatur.

gekommen sein, die während des Streites zwischen Kaiser und Papst aus ihren Sitzen vertrieben worden waren, oder auch jüngere Söhne weniger bemittelter vornehmer oder geringer Familien, die ihr Brot im Auslande suchen mußten und sich deshalb nach dem Osten wandten. Bekannt ist ja, daß der spätere Bischof OTTO VON BAMBERG aus diesem Grunde in den Dienst des polnischen Herzogs getreten ist. — Daß auch viele der nach Ungarn ausgewanderten Laien dort in den geistlichen Stand eingetreten sind, beweist die Tatsache, daß für diesen Fall ein besonderes Gesetz erlassen wurde. Der Sohn eines solchen Gastes nämlich, der sich der kanonischen Regel unterzog, also Geistlicher wurde, was in diesem Falle auf dasselbe hinauslaufen wird, sollte kein Recht haben, seinen Vater zu beerben, außer wenn er dasselbe tat.[1]) ERDÉLYI hat diese Bestimmung anders interpretiert: Der Sohn soll nur dann erben dürfen, wenn der Vater es selbst auch will.[2]) Die *canonica regula* ist nach seiner Meinung — den Gedanken an die Domkapitel des späteren Mittelalters lehnt er mit Recht ab — das Mönchsgelübde. Das Gesetz würde also für den Fall des Eintritts eines Gastes in ein Kloster gelten. Das wird aber dadurch ausgeschlossen, daß die Mönchsregel den Privatbesitz ausschloß, der Vater also in keinem Falle seinem Sohne hätte ein Erbe hinterlassen können. Auch der Ausdruck *forte* scheint gegen Erdélyis Auffassung zu sprechen. Denn daß der Vater seinen Sohn zum Erben einzusetzen wünscht, dürfte nicht etwas gar so Seltenes sein. Unter den *canonici* werden in den frühchristlichen Konzilsbeschlüssen alle Geistlichen mit Ausnahme der Mönche verstanden, und die fränkische Zeit, die das Vorbild für viele ungarische Gesetzesbestimmungen bot, gebrauchte das Wort für alle gemeinsam lebenden Kleriker.[3]) Die kanonische Regel wurde dadurch auch auf die Klerikerkollegien der Hauptpfarrkirchen auf dem Lande ausgedehnt.[4]) Volle Aufgabe des Privateigentums wurde nicht von ihnen gefordert[5]), und ein Gesetz, das den zu Klerikern oder Kanonikern gewordenen Gästen verbietet, ihren Söhnen ihr Erbe zu vermachen, wenn diese nicht etwa gleichfalls sich der kanonischen Regel unterwerfen wollen, wäre demnach keineswegs sinnlos.

---

[1]) *Syn. Strig. prior* 28, *Endl.* p. 353: Si quis hospitum canonice regule se sponte subdiderit, nichil ad filium eius pertineat, nisi forte et ipse voluerit.

[2]) *Ungarns Ges. in d. Ges. d. 11. Jh.s,* S. 34. Er ergänzt zu dem *voluerit* also nicht: *canonice regule se subdere,* sondern etwa: *ad filium aliquid pertinere* und versteht demgemäß unter dem *ipse* den Vater.

[3]) Z. B. das Aachener Konzil des Jahres 816, das die für die Folgezeit maßgebenden Bestimmungen für die *canonici* gibt. *MG. Conc.* II, 1, p. 418 u. 419, auch in der Einleitung, p. 313, 8 ff. (canonicus = clericus).

[4]) Vgl. SCHUBERT, *Gesch. d. Kirche im Frühmittelalter,* Tübingen 1921, S. 577.

[5]) Schubert, a. a. O.

Die abendländischen Kaufleute.

Eine andere Klasse der Gäste, die in den Gesetzen hervortritt, bilden die Kaufleute. Es handelt sich bei ihnen noch im wesentlichen um die alten Hausierer des früheren Mittelalters, die von einer Burg zur andern ziehen[1]), obgleich unter König Koloman bereits ein Unterschied gemacht wird zwischen einfacheren Kaufleuten, die sich vom Handel ernähren mußten, und größeren, die dadurch zu Reichtum zu kommen suchten. Letztere hatten den doppelten Tribut an den König zu zahlen.[2]) Man sieht daran, wie sich um das Jahr 1100 allmählich eine Oberschicht unter den Kaufleuten von den einfachen Hausierern abhebt.

Unter König Ladislaus wurde bestimmt, daß Verkäufe nur auf den Märkten, die meist bei den Burgen abgehalten wurden, und vor Zeugen stattfinden durften[3]), eine Bestimmung, die zur Verringerung des Diebesunwesens beitragen sollte. Nach den Angaben einer Berechnung der Einkünfte des ungarischen Reiches aus dem Ende des 12. Jh.s sollen damals alle Märkte des Landes im Besitze des Königs gewesen sein.[4]) Für unsere Zeit wenigstens kann dies aber nicht zutreffen, denn unter den Gesetzen, die das Abhalten eines Wochenmarktes am Sonntag verbieten, findet sich auch die Bestimmung, daß jeder, der an Sonntagen einen Markt eingerichtet hat, dies wieder rückgängig machen müsse[5]); es muß also auch anderen Personen als dem König gehörige Märkte gegeben haben.

Nach ihrer Herkunft waren die Kaufleute in verschiedene Gruppen geschieden. Einmal gab es solche, die im Ausland wohnten und nur vorübergehend des Handels wegen nach Ungarn kamen. Gerade die kleineren deutschen Kaufleute, bzw. Hausierer, welche, wie in Westfalen, nicht in Städten, sondern in Dörfern auf dem Lande wohnten, zogen bis in so weit entlegene Gebiete wie Rußland und werden auch nach Ungarn gekommen sein. Sie mußten mit einem Boten desjenigen Markgrafen, dessen Gebiet sie betreten hatten, zum König gehen und durften nur mit dessen Erlaubnis in Gegenwart eines königlichen Pristaldus ihre Einkäufe machen.[6])

Außer ihnen gab es Kaufleute, die in Ungarn selbst ansässig waren, aber gleichfalls zum größten Teil aus dem Ausland, vor allem aus Deutschland gestammt haben werden. Das letztere geht daraus hervor, daß die ungarische Sprache von ihnen eine Reihe von Ausdrücken übernommen hat, die der mittelhochdeutschen Lautstufe ent-

---

[1]) *Lad. decr.* III, 12, p. 344. [2]) *Colom. decr.* 33. [3]) *Lad. decr.* II, 7, p. 336.

[4]) *Status regni Hungariae sub Bela III rege, Endl.* p. 246: idem (rex) habet de ... mercatis seu foris, que omnia sua sunt, XXX milia marcarum.

[5]) *Lad.* I, 16. [6]) *Lad. decr.* II, 16.

sprechen. Solche Ausdrücke sind unter andern *kalmár* = mhd. *krâmaere*; *kúfár* = mhd. *koufer*; *tösér* oder *tüsér* (Handelsmann) = mhd. *tiuscher*; *céh* (Gilde) = mhd. *zech* (vgl. die Kölner rîcher zeche) usw., sowie zahlreiche Ausdrücke für Geld, Maß und Gewicht (z. B. *garas* = mhd. *gros* oder *grosch*).

Da ein Ausfuhrverbot für Pferde und Rinder bestand, war ihnen der Handel damit in der Nähe der Grenze untersagt, außer, wenn sie sich ein Pferd zum eigenen Gebrauch oder Rinder zum Pflügen kaufen wollten.[1]) Mit andern Handelsartikeln aber müssen sie einen lebhaften Handel auch über die Grenze ins Ausland betrieben haben, da der Vorwand zum Kriege zwischen König STEPHAN II. und Kaiser JOHANNES KOMNENOS der war, daß die griechische Besatzung von Branitzova dorthin kommende ungarische Kaufleute auszuplündern pflegte.[2]) — Auch Geistliche scheinen sich gelegentlich mit Geldgeschäften oder Handel befaßt zu haben, da ihnen durch ein besonderes Gesetz der ersten Synode zu Gran das Halten von Wirtshäusern und der Wucher besonders untersagt werden mußte.[3])

In einem gewissen Zusammenhang mit diesen größtenteils als Hausierer durch das Land streifenden Kaufleuten stehen die deutschen Spielleute, Gaukler und Vagabunden, von denen gleichfalls viele nach Ungarn gekommen zu sein scheinen. Auf sie beziehen sich Ausdrücke wie *trágár* = Landstreicher, Possenmacher, Zotenreißer, das ursprünglich einfach Hausierer bedeutet und dem mhd. *trager* entspricht, ferner *gókler* = mhd. *goukelaere*, *lator* = mhd. *lotter*, *vándorol* = wandern und Ähnliches. ELEMÉR MOÓR[4]) glaubt sogar, daß es Spielleute ungarischer Nationalität überhaupt nicht gegeben hat, sondern daß deren Tätigkeit, abgesehen von den slawischen *igric*, in Ungarn ausschließlich von Deutschen ausgeübt wurde. Diese Ansicht wird allerdings vielleicht etwas zu weit gehen, denn die in den ungarischen Chroniken aufgezeichneten Sagen aus der Zeit der Landnahme und der späteren Zeit, denen ein historischer Kern schon darum zugrunde liegen muß, da u. a. die Personennamen der Herzöge wenigstens im wesentlichen den von Konstantinos Porphyrogennetos überlieferten entsprechen, können nur von ungarischen Sängern überliefert und weiter entwickelt worden sein, wie denn auch der Anonymus sich mehrfach auf die Lieder solcher ungarischer Spielleute bezieht.[5]) So viel aber geht aus der Arbeit Moórs mit Sicherheit hervor, daß deutsche Spielleute auch in Ungarn zahlreich vertreten gewesen sind.

---

[1]) *Lad. decr.* II, 13. 14. [2]) *Nicetas Choniata*, p. 24,16.
[3]) *Syn. Strig. prior*, § 58: ne clerici tabernarii vel feneratores sint.
[4]) *Die deutschen Spielleute in Ungarn*, Ungar. Jbb. 1921, S. 281—297.
[5]) cap. 25, *Flor.* II, p. 23,21; cap. 42, p. 35,6.

Die Juden.

Eine weitere Klasse unter den Kaufleuten und Geldleuten bildeten die Juden, welche, wie ihre noch im 19. Jh. im wesentlichen deutsche Sprache und einige durch deutsche Vermittlung übernommene hebräische Lehnwörter der ungarischen Sprache wahrscheinlich machen, zum größten Teil ebenfalls aus Deutschland nach Ungarn gekommen sein werden. Eine bedeutende Verstärkung aus Deutschland werden sie besonders zur Zeit des ersten Kreuzzugs erhalten haben, als sie dort unter den Verfolgungen der ersten, regellosen Kreuzfahrerscharen schwer zu leiden hatten. Cosmas von Prag berichtet so von den Juden aus Böhmen, die von den Kreuzfahrern gewaltsam getauft worden waren, daß sie im Jahre 1098 zum großen Teil mit ihren Reichtümern nach Polen und Ungarn flohen, um zu ihrem alten Glauben zurückkehren zu können. Als der Böhmenherzog dies erfuhr, ließ er die gesamten Schätze der noch Zurückgebliebenen beschlagnahmen; nur so viel, wie sie zum Leben brauchten, wurde ihnen gelassen. „Ach", ruft Cosmas aus, „wieviel Geld den unglücklichen Juden damals genommen wurde! Nicht einmal aus dem zerstörten Troja sind so viel Reichtümer am euböischen Gestade gesammelt worden."[1])

Die günstige materielle Lage der Juden tritt auch in Ungarn hervor. Sie können so viel Landbesitz kaufen, wie sie wollen, nur dürfen sie ihn nicht von christlichen Sklaven oder Lohnknechten bearbeiten lassen und müssen selber am Bischofssitz wohnen[2]), eine Bestimmung, die ja auch in andern Ländern anzutreffen ist. Der Sklavenhandel, der im früheren Mittelalter vielfach einer ihrer Haupterwerbszweige gewesen war, war ihnen auch in Ungarn nur in bezug auf die christlichen Sklaven verboten[3]), unterlag also den Heiden gegenüber keiner Beschränkung.

Die Ismaeliten.

Zu den christlichen und jüdischen Kaufleuten gesellte sich eine dritte Klasse, die sogenannten Ismaeliten, das heißt Mohammedaner, die sich in besonderen Dörfern in Ungarn niedergelassen hatten. Mit dem Namen *Ismaeliten* werden in den westlichen Quellen alle Mohammedaner bezeichnet, ohne daß ein bestimmtes Volk oder eine bestimmte Sekte darunter verstanden wird. Dasselbe wird auch in Ungarn der Fall gewesen sein; daher erscheinen hier Ismaeliten sowohl als friedliche Kaufleute wie auch in geschlossener Einheit als Gäste, denen kriegerische Aufgaben zufielen. Zu den letzteren gehören die von

---

1) *SS.* VI, p. 2) *Col.* 74, 75, p. 368 f., *Syn. Strig.*, *prior.* 60, p. 356 f.
3) *Colom. regis lex data Iudeis, Endl.* p. 371, § 1.

KINNAMOS erwähnten Chalisier, die in ungarischen Diensten an den Kämpfen gegen die Griechen teilnahmen[1]) und gleichfalls zur Grenzsicherung in Sirmien angesiedelt worden waren.[2]) Bei einem Teil dieser Ismaeliten handelt es sich vielleicht um Wolgabulgaren, da sie der Anonymus „*de terra Bular*“ (statt: *Bulgar*) kommen läßt[3]), mit denen die Ungarn in ihrer Urheimat in die engste Berührung gekommen waren, und von denen sie viele Lehnwörter aus dem Gebietskreise des Ackerbaus, der Viehzucht und des Handels übernommen haben. Konstantinos Porphyrogennetos berichtet, daß die Ungarn noch zu seiner Zeit mit dem bei ihrem Aufbruch in der Heimat gebliebenen Teil des Volkes in Handelsverbindungen gestanden haben, wenn er diese auch von den Ungarn statt von Osten ausgehen läßt.[4]) Vielleicht handelt es sich auch hier um mohammedanische Kaufleute aus jener Gegend, von denen Konstantin eine unbestimmte Kunde bekommen hat. J. KARÁCSONYI weist in einer besonderen Abhandlung über die ungarischen Ismaeliten Mohammedaner türkischen Stammes auf der Balkanhalbinsel nach und versteht infolgedessen unter dem *Bular* des Anonymus Balkanbulgarien.[5]) Der Anonymus verwendet indessen sonst für dies Land die Form *Bulgaria* und scheint also unter der *terra Bular* ein anderes Gebiet zu verstehen. Das schließt natürlich nicht aus, daß auch aus Balkanbulgarien Mohammedaner nach Ungarn gekommen sein können. Denn Karácsonyis Ansicht, alle ungarischen Ismaeliten gehörten einem einzigen türkischen Volksstamm schiitischen Bekenntnisses an, wird zurückgewiesen werden müssen. Diese Balkantürken, unter ihnen die Chalisier, würden dann das kriegerische Element der Ismaeliten ausmachen, während man ihnen die Handels- und Finanztätigkeit der übrigen Ismaeliten kaum wird zutrauen können.

Den Ismaeliten gegenüber verfolgte man eine ganz andere Politik als bei den Juden. Von Bekehrungsversuchen diesen gegenüber ist in Ungarn nirgends die Rede. Im Gegenteil läßt das Verbot, Christinnen zur Frau zu haben[6]), das Bestreben erkennen, sie von den Christen möglichst abzusondern. Genau die entgegengesetzten Bestimmungen wurden den Ismaeliten gegenüber getroffen: Man suchte sie nicht nur zu Christen zu machen, sondern geradezu systematisch

---

[1]) *Kinn.* p. 107.

[2]) *Kinn.* p. 247, 14: *πολλοὺς τῶν ἐκ Σιρμίου . . . . Οὔννων, οὓς παρ' αὐτοῖς Χαλισίους ἔθος καλεῖν ἐστι καί εἰσιν ἑτερόδοξοι καθάπερ ἤδη ἔφην, Πέρσαις . . . ταυτὸ φρονοῦντες.* Mit *Πέρσαι* bezeichnet Kinnamos nicht, wie Karácsonyi meint, die eigentlichen schiitischenPerser, sondern die den Kalifen von Bagdad anerkennenden Mohammedaner.

[3]) *Fl.* II, p. 51. [4]) *Konst. Porph., De adm. imp.* p. 171, 1.

[5]) *Kik voltak s mikor jöttek hazánkba a Böszörmények vagy Izmaeliták?* (Wer waren und wann kamen die Bössörmenier oder Ismaeliten nach Ungarn?) Ért. a tört. tud. köréből XXIII, 7 (1913).

[6]) *Lad.* I, 10.

zu magyarisieren. Schon unter LADISLAUS machte man damit den Anfang.[1]) Während es sich bei ihm aber nur um Maßnahmen gegen rückfällige Bekehrte handelte, ging KOLOMAN gewaltsam auch gegen die übrigen vor. Er verbot ihnen die Ausübung ihrer religiösen Gebräuche[2]) und ordnete an, daß jedes Ismaelitendorf eine Kirche zu bauen und auszustatten habe. Alsdann sollte die Hälfte der Bewohner des Dorfes ausziehen und sich anderswo, also unter Ungarn niederlassen. Keiner von ihnen durfte seine Tochter an einen Ismaeliten verheiraten, sondern nur an einen Ungarn, und umgekehrt werden die Ismaeliten nur haben Ungarinnen heiraten dürfen.[3])

Der Gesetzgeber gibt an, daß die Beweggründe, die ihn zu diesem Gesetz veranlaßten, religiöse waren: „Sie sollen, gleichsam in einem Hause von ein und derselben Sitte, jetzt mit uns in einer und derselben Kirche Christi sich einmütig den göttlichen Dingen zuwenden.“[4]) Daß man sich aber nicht auf die bloße Bekehrung beschränkt hat, sondern zu so durchgehenden Maßregeln griff, die ihre völlige Aufsaugung anstrebten, läßt daneben doch den Wunsch erkennen, sich die fremden Volkssplitter möglichst zu assimilieren. Gegenüber den religiös und national sich streng absondernden Juden dagegen, die zu Christen zu machen doch an sich ebenso nahe gelegen hätte, wurde kein derartiger Versuch gemacht, ebensowenig in der Folgezeit den abendländischen Gästen gegenüber, soweit diese in geschlossenen Siedlungen wohnten.

In vollem Umfange haben aber Koloman und seine Berater ihren Plan der Assimilierung der Ismaeliten nicht durchsetzen können, denn noch in viel späterer Zeit finden wir in Ungarn Mohammedaner. Zur Zeit des Anonymus ist sogar die Burg von Pest in ihrem Besitz[5]), während die noch unbefestigte Stadt (villa) selbst deutsch ist.[6]) Unter Andreas II. war das Steuerwesen ganz in der Hand der Ismaeliten, so daß dieser in der Goldenen Bulle den damit unzufriedenen Ungarn Abhilfe zusichern mußte. Sogar mit ihren Glaubensgenossen in Syrien standen sie in Verbindung und sandten ihre Söhne zum Studium der Theologie dorthin. — Neben ihnen spielten noch Armenier und Griechen als Kaufleute eine gewisse Rolle.

---

[1]) *Lad.* I, 9: De negociatoribus, quos appellant Ismaelitas, si post baptismum ad legem suam antiquam inventi fuerint redivisse, a sedibus suis separati ad alias villas transferantur.

[2]) *Col.* 46, p. 366. [3]) *Col.* 48, p. 366. [4]) *Col.* 47, p. 366.

[5]) *Flor.* II, p. 51: castrum, quod dicitur Pest. Vgl. auch die Urkunde Papst Honorius' III. für Jolanta vom 16. Mai 1218, Ub. z. Gesch. d. Deutschen in Siebenbürgen I, S. 17: proventus Sarracenorum de Pesth.

[6]) *Rogerii C. mis.*, *SS.* XXIX, p. 554, 20: in magna et ditissima Theutonica villa, que Pesth dicitur. Es handelt sich in diesem Falle also nicht um ismaelische Kaufleute, sondern Krieger.

Die Anfänge von städtischen Siedlungen.

Vor allem auf die Kaufleute werden die Anfänge der städtischen Siedlungen des Landes zurückgehen. Abgesehen von den Königstädten Gran und Stuhlweißenburg werden besonders die Sitze der Bischöfe schon früh Einwohner an sich gezogen haben. Hier mußten ja auch die Juden ihre Wohnsitze aufschlagen. Die große Menge der ungarischen Städte aber knüpfte sich an die Komitatsburgen, die als die Mittelpunkte der einzelnen Komitate ohnehin ein reges Leben aufzuweisen hatten und zudem gewöhnlich mit Wochenmärkten ausgestattet waren. Die Besatzung der Burg bildeten die *cives* oder *örök* — letztere Bezeichnung beschränkte sich allerdings bald auf die Grenzwächter — die im Dienst des Königs stehende *milites* waren und zu ihrem Unterhalt nicht einzeln, sondern als Körperschaft mit umliegenden Ländereien ausgestattet wurden, die sie durch Hörige, die *civiles* (Burgholden), bestellen ließen.[1]) Bei diesen Burgen nun werden sich des Verkehrs, der Märkte und des Schutzes wegen, den sie gewährten, neben den Hörigen der Burgmannen auch die Kaufleute niedergelassen haben, unter denen wiederum die Deutschen die maßgebende Rolle spielten. Da diese Gäste sich auf dem Gebiet der königlichen Burgen niederließen oder von dem König selbst dort zusammengeschart wurden, so werden sie als *hospites regis*, oder, wenn der König selbst spricht, als *hospites nostri* bezeichnet.

Es ist richtig, daß gelegentlich in dieser Klasse der *hospites* in späterer Zeit sich auch Ungarn finden.[2]) Das erklärt sich daraus, daß in jener Zeit der Begriff des *hospes regis* schon so fest mit den Bewohnern solcher städtischen Ansiedlungen auf Königsboden verknüpft ist — abgesehen von den Siebenbürger Sachsen, die als Einheit zusammengefaßt mit diesem Ausdruck bezeichnet werden — daß auch die dort sich niederlassenden Ungarn darunter fallen. Dies sind aber Ausnahmen gegenüber der Regel, daß im allgemeinen die Ungarn das ganze Mittelalter hindurch und noch weit darüber hinaus bis in die Mitte des vorigen Jahrhunderts dem städtischen Leben gänzlich abgeneigt waren.

Daß die Anfänge solcher Niederlassungen städtischen Charakters im Schutze der Burgen schon in unserer Zeit vorhanden sind — in den kroatischen und dalmatinischen Gebietsteilen bestanden übrigens Städte schon von alters her — geht aus den zeitgenössischen Quellen

---

[1]) Erdélyi hat neuerdings, ohne zu überzeugen, die Identität zwischen *cives* und *civiles* nachzuweisen gesucht. Vgl. darüber unten S. 113.

[2]) Z. B. im Privileg Herzog Kolomans für die Gäste von Walkau vom Jahre 1231, Endl. p. 434: . . . hospitibus iuxta castrum Valkow commorantibus, videlicet Teutonicis, Saxonibus, Hungaris et Sclavis.

zur Genüge hervor. Im Jahre 1100 machte der Böhmenherzog Swatopluk einen Überfall auf die Burg von Neutra und hätte sie auch genommen, wenn nicht die ständig dort befindlichen Wächter noch rechtzeitig die Tore geschlossen hätten. Zur Rache plünderte er wenigstens die Unterstadt aus und brannte sie nieder.[1]) Die Bedeutung von Neutra als Stadt geht daraus hervor, daß es neben den Bischofssitzen und größeren Probsteien zusammen mit Preßburg der einzige Ort war, an welchem Gottesurteile stattfinden durften.[2]) — In den *suburbia* der Komitatsburgen hatten ferner die *iokuscidarii* das herrenlose Gut, das sie innerhalb des Komitats aufgesammelt hatten, und das aus entlaufenen Sklaven, Vieh, Sachgütern und vor allem den von den königlichen Eilboten beschlagnahmten und nach Gebrauch freigelassenen Pferden bestand, in eigens dazu hergerichteten Gebäuden bis zum Ablieferungstage aufzubewahren.[3])

Besonders auf die Kaufleute und neben ihnen vielleicht auch auf die fremden Krieger wird sich eine Bestimmung der Landesversammlung von 1093 unter König Ladislaus beziehen, die in ihrem Wortlaut immerhin von einem entwickelten nationalen Selbstbewußtsein der Ungarn schon in jener Zeit Zeugnis ablegt. In Ungarn scheinen die Fasten damals statt am Aschermittwoch bereits am Sonntag vorher begonnen zu haben. Diejenigen nun, die dieser Gewohnheit nicht in gesetzmäßiger Weise zustimmen wollen, sondern nach dem Beginn der Fasten am Montag oder Dienstag wieder Fleisch essen, „sollen, wenn sie unserem besseren Brauche nicht zustimmen zu können behaupten, gehen, wohin sie wollen. Das Geld aber, das sie hier erworben haben, sollen sie hier lassen, falls sie nicht vielleicht wieder vernünftig werden und mit uns zusammen fasten.“[4])

Ausländische Bauern.

Eine andere Klasse der Gäste, die gleichfalls zum Teil mit den Burgen in enger Beziehung stand, sind die ausländischen Bauern. Vielfach hat man diese Bauern oder „Kolonisten“ zu Unrecht für unsere Zeit als die einzige oder wenigstens die maßgebende Klasse der Gäste ausgegeben. In Frankreich und Teilen Deutschlands verstand man unter solchen *hospites* Bauern, die ein verhältnismäßig kleines Stück Land auf Zeitpacht bearbeiteten, es aber in der Praxis meist auf ihre Nachkommen vererbten und so schließlich sich nur noch in ihrer rechtlichen Stellung von den übrigen Bauern unterschieden.[5]) In Ungarn

---

[1]) *Cosmas, Chr. Boh.* III, 26, *SS.* IX, p. 115, 9.

[2]) *Col.* 22, p. 363: Iudicium ferri et aquae in aliqua aecclesia fieri interdicimus, nisi in sede episcopali et maioribus praeposituris nec non Posonii et Nitrie.

[3]) *Lad.* III 13, p. 345. [4]) *Lad.* I 32, p. 331.

[5]) Vgl. Mayer, *Deutsche und französische Verfassungsgesch.* II, Leipzig 1899, S. 50 ff.

erstreckte sich die Bezeichnung gleichfalls auf kleinere Pächter, sowohl auf dem Gebiet der Burgländereien als auf dem anderer Herren, nur daß es sich auch hier wieder, wenigstens in der Regel, um Ausländer handelte.[1]) Ein Gesetz Kolomans bestimmt, daß diejenigen unter den Gästen, die innerhalb des Gebiets der Burgmannen (*cives*) ein Stück Land als Pächter (*accola*) bebauen, entweder für die Hälfte des Pachtlandes im Kriegsfalle zu denselben Leistungen wie die Burghörigen (*civiles*) verpflichtet sind, oder im ganzen 8 Denare zu zahlen haben.[2]) Sie sind also in dieser Beziehung in derselben Lage wie die *civiles hebdomadarii*, die gleichfalls 8 Denare zu zahlen hatten, und denen, falls sie dem durchreisenden König Pferde, Wagen und Lebensmittel stellten, wie den *hospites* die Hälfte ihrer Abgabe, also 4 Denare erlassen wurden.[3]) Die *hebdomadarii* sind aber außerdem, wie ihr Name sagt, noch zu wöchentlichen Diensten für die *cives* verpflichtet. Erdélyi hat den angeführten auf die Gäste bezüglichen Gesetzesartikel in anderem Sinne interpretiert. Er glaubt, daß die Gäste 8 Denare zu zahlen hatten, „außer wenn sie für die Hälfte der Landnutzung an den Feldzügen, Militärdiensten der Burgwächter teilnehmen wollten, in welchem Falle sie für den Erlaß der Naturalsteuer nur 4 Denare zu zahlen haben."[4]) Diese Auffassung, die auch von Karl Tagányi mit Recht abgelehnt wurde, da sie auf der falschen Meinung beruht, das *cives* und *civiles* identisch sind, ist schon darum abzuweisen, weil es wenig wahrscheinlich ist, daß diese Pachtbauern an den Feldzügen der Berufskrieger (*cives*) sollen teilgenommen haben. Da nun das Wort *expeditio* auch im Mittelalter keineswegs auf die Bedeutung „Feldzug" beschränkt ist, sondern sich auch auf Leistungen aller Art für einen solchen Feldzug erstreckt[5]), scheint mir der Gesetzesartikel eher in dem oben angegebenen Sinne aufgefaßt werden zu müssen. Auch die Grafen sollten ja die von ihnen abhängigen „Freien" nicht selbst zum Heeresdienst heranziehen, sondern nur aus den von ihnen aufgebrachten Mitteln Bewaffnete ausrüsten.[6]) Der Ausdruck: „expeditionem facere" darf jedenfalls nicht, wie man es nach Erdélyis Inter-

---

[1]) Vgl. unten S. 114, Anm. 2.

[2]) *Col.* 35: Si quis hospitum accola terram civium cohabitat, aut iuxta medietatem substancie civillium expeditionem faciat aut octo denarios solvat.

[3]) *Col.* 45, p. 355.

[4]) *Ungarns Gesellsch. i. d. Gesetzen d. 11. Jahrh.* (ung.), Budap. 1907, S. 69, und *Die gesellschaftlichen Verhältnisse zur Zeit des Anonymus* (ung.) in Tört. Sz. 3, 1914, S. 206.

[5]) Vgl. Du Cange s. v. *expeditio.* Übrigens scheinen mir hier auch die meisten der für die Bedeutung „Teilnahme an einem Feldzug" angeführten Stellen sich nur auf „Leistungen für einen Feldzug" zu beziehen.

[6]) *Col.* 40 p. 365: Comites, si in propria villa suos liberos habuerint . . . loricatum unum regi de sumptu illo procurent.

pretation tun müßte, übersetzt werden als „an einem Feldzuge teilnehmen."

Außer diesen 8 bzw. 4 Denaren, die diese Gäste in ihrer Eigenschaft als „Freie" zu zahlen hatten — der Ausdruck *liberi* schließt in Ungarn die persönliche Abhängigkeit von einem Herrn in keiner Weise aus, sondern bezeichnet nur den Gegensatz zum ganz rechtlosen Sklaven — sind sie von einer andern Abgabe, welche die Burghörigen (*castellani*, *civiles*) zur Ablösung von persönlichen Diensten (*pro opere*) zu zahlen haben[1]), befreit, ebenso wie die *hebdomadarii*, die aber diese Dienste wochenweise wirklich zu leisten hatten.

In dieser bäuerlichen Gruppe der Gäste nun können die Deutschen in jener Zeit nur eine ganz untergeordnete Rolle gespielt haben. Die große Kolonisationsbewegung der deutschen Bauern nach dem Osten fällt im wesentlichen eben noch nicht in das 11. Jh., da damals noch im Inlande Ödländereien zur Besiedelung zur Verfügung gestanden haben und die Volksdichte ziemlich gering war. Daher nennt denn auch Koloman als diejenige Nationalität, für die das Gesetz in erster Linie in Frage kommt, die Slawen, und faßt alle andern Nationen, unter denen ja vielleicht auch schon einige Deutsche gewesen sein mögen, als „die übrigen Ausländer" zusammen.[2]) Zugleich zeigt sich auch hier wieder die scharfe Scheidung zwischen „Gästen" und Einheimischen, die damals in der Ausdrucksweise noch üblich war, da letztere als *liberi* von jenen abgetrennt werden, obgleich ihre Stellung im übrigen die gleiche war, da auch der Nebensatz: *qui in terris laborant aliorum* sich auf beide beziehen muß.

Ausländische Sklaven.

Neben den freien, bzw. halbfreien Pachtbauern gab es unfreie Ausländer, die entweder während der Kreuzzüge von 1096 und auf andern Feldzügen, besonders im Grenzkrieg, erbeutet worden waren, oder aber durch Sklavenhandel aus dem Auslande erworben wurden, vor allem aus Böhmen, da dort auf gewisse Verbrechen der Verkauf nach

---

[1]) *Col.* 81, p. 370: De castellanis autem tam pro opere quam pro libertate denarii accipiantur.

[2]) *Col.* 80, p. 370: Liberi quoque et hospites, sicut Sclavi vel ceteri sunt extranei, qui in terris laborant aliorum, pro libertate tantum denarios dent, non alios eciam denarios insuper pro opere aliquo dare cogantur. Tschechische Gäste bäuerlichen Standes finden wir z. B. unter Andreas II. in Mocsolyás im Komitat Borsod. Sie machen gegenüber Ansprüchen von Burgmannen des Komitats geltend: „sie seien frei und Söhne böhmischer Gäste. (*Reg. Varad.* ed. Karácsonyi, Bp. 1903, Nr. 316, p. 273 oben.) Vielleicht geht auf Gäste, die unter Koloman aus Böhmen einwanderten oder für die jenes Gesetz Kolomans geschaffen wurde, die Bezeichnung *Kálmáncsehek* zurück, auf die der Personenname *Kálmáncsehi* hinweist.

Ungarn stand. Auf diese Klasse der Bevölkerung wird die Bezeichnung *hospites* gewöhnlich nicht angewandt, abgesehen davon, daß in Urkunden unter den Unfreien öfter der Personenname *Vendég* oder *Vendíg* erscheint. Koloman verbot nicht nur den Verkauf von Sklaven ungarischer Nationalität ins Ausland, sondern auch den aller fremdsprachigen Sklaven, soweit sie in Ungarn geboren waren.[1]) In dieser Fürsorge wie auch in den wiederholten Verboten an die Juden, christliche Sklaven zu kaufen oder zu besitzen, zeigt sich das Bestreben, diesen Stand allmählich auf die Stufe der Unfreien in den westlichen Ländern zu heben. Bis zu einem gewissen Grade muß auch wirklich eine Hebung des Standes in jenen Zeiten erfolgt sein. Denn es trat nicht selten der Fall ein, daß Freie sich aus eigenem Antrieb in die Knechtschaft begaben, weil sie hofften, auf diese Weise ihre Frauen loszuwerden, eine Hoffnung, die ihnen dann durch eine Bestimmung der 2. Synode, die unter Koloman abgehalten wurde, zunichte gemacht wurde.[2]) Der Handel mit fremdsprachigen Sklaven, die aus dem Auslande eingeführt wurden, unterlag hingegen nach wie vor keiner Beschränkung.

Die Gäste des Kriegerstandes.
Petschenegen, Kumanen und Ismaeliten.

Diejenige Klasse der Gäste, die die wichtigste war und politisch die größte Rolle spielte, die Krieger, werden in den Gesetzen der Könige Ladislaus und Koloman nicht erwähnt. Sie werden mit zu den *milites* und *cives* gerechnet worden sein, und da sie die gleiche rechtliche Stellung mit diesen hatten, lag kein Anlaß vor, sich besonders auf sie zu beziehen. In den Kämpfen der folgenden Jahrzehnte aber tritt ihre Bedeutung dafür um so stärker hervor.

Auch unter den im Dienste des Ungarnkönigs stehenden Kriegern fremder Nationalität gab es das ganze Mittelalter hindurch zwei Gruppen von ganz verschiedenem Charakter. Einerseits hatte man schon zur Zeit Stephans des Heiligen damit begonnen, in größerer Anzahl Krieger aus den wilden türkischen Stämmen aufzunehmen, die in den östlich

---

[1]) *Col.* 77, p. 369: Nemo servum in genere Hungarorum vel quemlibet in Hungaria natum alienigenam nec ancillam, exceptis lingue alterius servis, qui ab aliis ducti sunt regionibus, vendat . . . . extra Hungariam . . . .

[2]) *Syn. Strig. prior*, 52, p. 356: Si quis uxorem fugiens se sponte debitorem fecit, unde se expedire nolit propter odium, quod in uxorem habet, semper in servitute permaneat. et si unquam liber videatur, iterum venundetur. uxor vero, cui vult, nubat. Dagegen *Syn. altera* 7, p. 372: Ut si quis uxorem exosam habens sponte se servituti subdiderit, ut ab exosa separetur, uxor cum salva libertate sequatur, aliter innupti permaneant. Wie wenig Anziehungskraft die ungarischen Damen damals vielfach für ihre Gatten gehabt haben müssen, zeigt schon das Gesetz Stephans des Heiligen gegen Männer, die aus Abscheu vor ihrer Frau ins Ausland fliehen. (*Steph.* I 30, p. 319.)

von Ungarn gelegenen Gebieten umherstreiften, in die später die romanisierten Wallachen von Süden her einwanderten. Zunächst handelt es sich um die Petschenegen oder Bissenen, die von den nachdrängenden Kumanen beunruhigt wurden. Die kleinere Stephanslegende erzählt, daß einst 60 solcher Bissenen mit ihrer ganzen Habe in Ungarn Aufnahme suchten, aber von den Grenzwächtern ausgeplündert wurden. Stephan empfing sie freundlich und ließ die schuldigen Grenzwächter (servi) zu je zweien an allen Zugangsstraßen in sein Land aufknüpfen.[1]) Derartige Aufnahmen müssen sich in der nächsten Zeit oft wiederholt haben. Die Bissenen wurden besonders als Grenzwächter sowohl im Süden als im Westen des Reiches verwandt, darunter auch in den an Deutschland grenzenden Komitaten südlich der Donau, wo einige Ortsnamen noch heute an ihre Ansiedlungen erinnern.

Bestätigt wird dies durch eine Angabe des anonymen Notars König Bélas. Wenn man es auch dahingestellt sein läßt, ob der Verfasser in die Zeit Bélas III. oder Bélas IV. zu setzen ist, so viel jedenfalls dürfte klar sein: Sein Werk überträgt — was die gesellschaftlichen und rechtlichen Verhältnisse anbetrifft, die den realen Hintergrund der dargestellten Ereignisse bilden — wie mehr oder weniger jedes Ereignisse der Vorzeit behandelnde Geschichtswerk des Altertums und Mittelalters, die Verhältnisse seiner eigenen Zeit auf die Vorzeit, in diesem Falle auf die Zeit der Landnahme. Besonders hervorstechende Anachronismen in diesem Sinne sind die Einrichtung der Gyepülinie bei der Landnahme[2]), die Aufnahme und Beschenkung der „Gäste“[3]) und die Turniere am Hofe Arpads[4]), die Erklärung zahlreicher Ortsnamen durch Ereignisse der Landnahmezeit, die Eroberung ganz Kroatiens und Spalatos sowie Serbiens zur Zeit Arpads[5]), die Zurückdatierung der im wesentlichen erst im 12. und vor allem im 13. Jh. erfolgten Aufnahme der Kumanen in Ungarn und ihres Treuschwurs für ewige Zeiten in die Zeit des Herzogs Almus[6]), das Voraussetzen der Wallachen in Siebenbürgen[7]) und vieles andere. Für die Zustände seiner eigenen Zeit kann das Werk daher vielfach als ausgezeichnete Quelle herangezogen werden.

---

[1]) *SS.* XI, p. 228, 29 ff.

[2]) Vgl. Fl. II, p. 18 unten, p. 22, p. 23 oben, p. 29 u. p. 31. Über die von Karl Tagányi zu Unrecht herangezogene Liutprandstelle vgl. oben S. 25. Der Anonymus denkt an künstlich angelegte *indagines*, und das ist für die Landnahmezeit unrichtig. Denn auch bei den von Val. Homan (Turul 1913, S. 91) für die Landnahmezeit vorausgesetzten Grenzen zwischen den einzelnen Stämmen darf man nur an Ödland, nicht aber an künstliche Verhaue denken.

[3]) Fl. II, p. 36, p. 40, p. 45 und p. 50 unten. [4]) Fl. II, p. 40.

[5]) *Flor.* II, p. 35, p. 39 und p. 50. [6]) Fl. II, p. 11 und p. 13.

[7]) Fl. II, p. 10 und p. 23.

Aus dieser Darstellung des Anonymus nun geht hervor, daß zu seiner Zeit an der Westgrenze des Landes an den Sümpfen von Wieselburg zum Schutz gegen deutsche Plünderungszüge eine größere Anzahl Bissenen angesiedelt gewesen ist, und daß in der Nähe eine Burg mit ruthenischen Kriegern besetzt war.[1]) Auch die ungarischen Chroniken kennen bissenische Grenzwächter in der Gegend des Neusiedler Sees, denn sie bringen die in ihrem Kern wahrscheinlich historische Nachricht, daß König Geisa I. den Bissenen unter der Bedingung die Freiheit schenkte, daß sie den in Preßburg und Wieselburg sitzenden Salomo vom übrigen Reiche abschließen sollten, daß sie aber, als es zum Kampfe kam, vor Salomo flohen wie Wachs vor dem Feuer und teils getötet wurden, teils im Neusiedler Sumpf ertranken und nur wenige entrannen.[2])

Wie bei den abendländischen Gästen gab es auch bei den Bissenen vornehme und geringere. Diese wurden als Grenzwächter verwandt, während jene, wie das Geschlecht Thomoy, über reichen Landbesitz verfügten.[3]) Die Bissenen und die in größerer Geschlossenheit im äußersten Osten des Landes ansässigen Székler bildeten die Spitze des ungarischen Heeres und hatten vor der Schlacht die Feinde mit einem Pfeilhagel zu überschütten. Im 13. Jh. sehen wir sie in dieser Eigenschaft auch gelegentlich an Kämpfen innerhalb Deutschlands teilnehmen. Dem eigentlichen Gefecht zwischen den Ritterheeren entzogen sie sich dann gewöhnlich durch die Flucht. Die Chroniken sind daher schlecht auf sie zu sprechen und bezeichnen sie mit einer stehenden, vielleicht den Volksgesängen der Spielleute entnommenen Formel: „Die verruchten Bissenen und feigen Székler."[4])

Eine ähnliche, wenn auch viel bedeutendere Rolle wie die Bissenen spielten später die Kumanen in Ungarn. Im 12. Jh. wurden sie nur vereinzelt aufgenommen. So erzählt die Wiener Bilderchronik, daß unter Stephan II. der Kumanenführer Tatar mit wenigen Begleitern zum König geflohen sei und bei diesem in hohem Ansehen gestanden habe.[5]) In kompakter Masse aber wurden sie erst durch Bela IV. aufgenommen, als sie von den Mongolen aus ihrem früheren Gebiet ver-

---

[1]) Fl. II, p. 50. Über ruthenische Ansiedlungen an verschiedenen Orten Ungarns vgl. auch Fl. II, p. 11. Für die Bissenen vgl. auch Fejér II, p. 421.

[2]) *Chr. Dubn.*, *Fl.* III, p. 69 u. ausführlicher *Chr. Vind. P.*, *Fl.* II, p. 187 f.

[3]) *Anon.* cap. 57, Fl. II, p. 51.

[4]) So im *Chr. Vind. P. Fl.* II, p. 217 unten: Bisseni vero pessimi et Siculi vilissimi omnes pariter fugierunt sicut oves a lupis, qui more solito praeibant agmina Hungarorum. Zu dieser Stelle vgl. auch *Ottonis Fris. Gest. Frid.* p. 52 (Sch. 3, 1912) wo dieselbe Schlacht geschildert wird: positis in capite duabus alis, in quibus sagittarii, quatinus vim hostium eminus repellerent, erant.

[5]) *Chr. Vind. P.*, *Flor.* II, p. 212: (Kunorum) dux nomine Tatar, qui a cede imperatoris um paucis ad regem fugerat, cum rege morabatur.

drängt wurden. Gegen Ende des Jahrhunderts erlangten sie besonders durch ihren Einfluß auf König LADISLAUS IV. große politische Bedeutung und machten sich dadurch bei der nationalen ungarischen Partei noch mehr verhaßt als die deutschen Gäste.[1]) — Zu diesen von Osten herkommenden Gästen kriegerischen Standes gehörte schließlich auch ein Teil der bereits oben erwähnten Ismaeliten.[2]) Sie begegnen uns nicht nur in den Kämpfen mit den Byzantinern, sondern auch im Westen. So sicherte im Jahre 1157 Geisa II. dem Kaiser 500 „Sarrazenen“ für die Teilnahme am Feldzug gegen Mailand zu.[3])

Die abendländischen Gäste des Kriegerstandes.

Als „Gäste“ werden alle diese aus dem Osten einwandernden Völker nur selten bezeichnet, und auch dann nur, wenn es sich um vornehmere Geschlechter handelt, wie bei der Aufzählung der eingewanderten Gäste in den Chroniken.[4]) In der Regel beschränkt sich diese Bezeichnung auf die Abendländer, welche die in ihrer Heimat übliche Kriegskunst und das dort sich entwickelnde Rittertum nach Ungarn zu übertragen hatten. Das zwiespältige Wesen der ungarischen Kampfweise tritt noch beim Anonymus hervor. Er schildert das üppige Leben Arpads und seiner Genossen in Etzelburg (Altofen) und fährt dann fort: „Und sie lebten reich und glanzvoll mit allen Gästen, die zu ihnen kamen. Und den bei ihm verweilenden Gästen gab Herzog Arpad Ländereien und große Besitzungen, und auf die Kunde hiervon strömten viele Gäste zu ihm und hielten sich frohlockend bei ihm auf. . . . . Und alle Krieger Ungarns saßen fast täglich in Gegenwart des Herzogs auf ihren Streitrossen und vollführten mit Schilden und Lanzen ein gewaltiges Turnier. Und andere junge Leute handhabten im Wettkampf nach heidnischer Art Bogen und Pfeile“.[5])

Auch aus OTTOS VON FREISING Schilderung der ungarischen Zustände erkennt man die Wirkung, welche die Gäste auf die Kampfesweise und Bewaffnung der Ungarn auszuüben hatten und auch ausgeübt haben: „Fast alle (Ungarn) sind häßlich und schreiten in häßlichen Waffen einher, soweit sie nicht bereits von den Gästen, die wir jetzt Söldner nennen, erzogen sind oder gar von ihnen abstammen, und so ein gewisses nicht angeborenes, sondern äußerlich angeklebtes ritterliches Wesen zur Schau tragen und unsere „Edlen“ (*principes*,

---

[1]) *Flor.* II, p. 6 unten, 7 unten, 11, 14, 16 unten und 17.

[2]) Vgl. oben S. 115. [3]) *Vincentii Pragensis Annales,* SS. XVII, p. 1158.

[4]) *Chr. Vind. P.*, *Fl.* II, p. 133 = *Chr. Dubn. Fl.* III p. 37: Praeterea intraverunt in Ungariam tam tempore regis Geiche et sancti regis Stephani, quam diebus regum aliorum Bohemi, Poloni, Greci, Ispani, Hismahelite seu Saraceni, Bessi, Armeni, Saxones, Turingi, Misnenses et Rhenenses, Cumani, Latini.

[5]) *Flor.* II, p. 40.

nach Otto die Benennung der Gäste bei den Ungarn) und „Gäste" durch Kampfesübung und Glanz der Waffen nachzuahmen suchen."[1])

Die Bedeutung der Gäste als Waffe des Königs bei dessen schwächer werdender Gewalt.

Die Gäste hatten für den König eine um so größere Bedeutung, als allmählich auf seine Kosten die ungarischen Großen, sowohl die weltlichen als die geistlichen, infolge der unheilvollen Einrichtung des Dukats und der fast ununterbrochenen Thronstreitigkeiten des 11. und 12. Jh.s ihre Gewalt immer mehr auszudehnen begannen. Freilich war die Macht des ungarischen Königs seinen Großen gegenüber, besonders soweit sie sich in den äußeren Formen des persönlichen Verkehrs zeigte, zur Zeit Ottos von Freising der des deutschen Königs noch so sehr überlegen, daß sie Otto als etwas ganz Außerordentliches, ja geradezu als Despotie erschien.[2]) Ein kräftiger Herrscher, der ernstlich keinen Thronprätendenten zu fürchten hatte, mag seine Rechte in der Tat auch damals noch durchgesetzt haben. Sobald aber ein Bürgerkrieg entbrannt war oder auch die Regierung in den Händen eines noch unerfahrenen Jünglings lag, wie nach dem Tode Kolomans, tritt die wachsende Gewalt der Großen deutlich hervor, auch abgesehen von den Erzählungen der Wiener Bilderchronik, bei denen man immerhin, in diesem Falle aber wohl mit Unrecht, an eine Einwirkung späterer Verhältnisse auf die Darstellung in ihrer jetzigen Gestalt denken könnte. Am Ende des 12. Jh.s und besonders zur Zeit der goldenen Bulle erscheint die Macht des Königs schon ebensosehr oder noch stärker eingeschränkt als in Deutschland, so daß der Beginn dieser Entwicklung schon in frühere Zeit fallen muß.

So sind denn auch schon die Gesetzgebungen König Ladislaus des Heiligen im Gegensatz zu denen Stephans nicht vom König ausgegangen, sondern von der Landesversammlung, in welcher der König nur den Vorsitz führt.[3]) Das gleiche ist unter Koloman der Fall, wenn auch hier der Anteil des Königs viel größer ist.[4]) Dieser rücksichtslos sein Ziel verfolgende Herrscher versteht es ja auch sonst, in wirksamer Weise die Rechte der Krone zu wahren, wie das besonders in den Gesetzen hervortritt, in denen er alle von seinen Vorgängern außer von Stephan selbst gemachten Schenkungen von Fischereien, sogar diejenigen an Kirchen und Klöster, wieder rückgängig macht[5]),

---

[1]) *Ottonis Fris. Gesta Frid.* I, 32, 1912 p. 51. [2]) *Gesta Frid. I, 32,* p. 51.

[3]) *Lad. decr.* I, *prologus*, p. 326: .... sancta synodus habita est presidente ... rege Ladislao etc. *Lad. decr.* II, § 1, p. 334: Omnes nos regni Pannonici optimates ..... fecimus conventus etc.

[4]) Vgl. Albrichs Vorrede zu seiner Übersetzung, *Endl.* p. 359, unten f.

[5]) *Col.* 15, 16, p. 362.

oder wenn er bestimmt, daß die übrigen Schenkungen dieser Könige nur auf den Sohn oder die Brüder des Besitzers vererbt werden dürfen, sonst aber an den König zurückfallen müssen.[1]) Nach seinem Tode aber hat sich die Lage völlig umgekehrt; sein junger Sohn ist ganz in der Hand der Großen. Diese fassen z. B. für die Politik Böhmen gegenüber die entscheidenden Beschlüsse, und er hat sie nur auszuführen.[2]) Nach der Darstellung der Wiener Bilderchronik ist diese Macht der Großen, auch als Stephan II. älter wurde, nicht völlig wieder geschwunden. Sie bestimmen, welche Frau er heiraten soll[3]), und weigern sich wiederholt, für den König zu kämpfen. Als Stephan einen voraussichtlich verlustreichen Sturm auf eine ruthenische Festung beabsichtigte, beschlossen sie, dem König zu erklären, er handle ohne die Einwilligung seiner Großen, fordern ihn auf, er solle, wenn er wolle, allein stürmen, und kehren dann in ihre Heimat zurück.[4]) Zu einem andern Feldzug, gegen die Griechen nach Serbien und Bulgarien, der wahrscheinlich gleichfalls nicht ihre Billigung hatte, konnte er allein „die Phalangen seiner Hofkrieger" verwenden, wie die Bilderchronik mit einem für solche Fälle stehenden und zum Teil den Altaicher Annalen entnommenen Ausdruck hier die als Söldner aufgenommenen Gäste bezeichnet[5]); denn daß es sich vornehmlich um diese handelt, geht aus der weiteren Darstellung des Feldzuges hervor.

Ebenso wie in Böhmen und Polen war auch in Ungarn fast immer ein Teil der Großen bereit, gegen den König einen im Auslande weilenden Thronprätendenten ins Land zu rufen. Otto von Freising selbst berichtet einen solchen Fall gelegentlich des Aufstandes von Kolomans Sohn Boris gegen Bela den Blinden im Jahre 1131.[6]) Mit den schärfsten Ausdrücken charakterisiert bei derselben Gelegenheit die Wiener Bilderchronik das Verhalten der ungarischen Großen: „Weil die Ungarn aber immer vor Bosheit auf und ab fluten wie die salzige See, luden die verworfenen Söhne Leviathans durch Boten den Bastard Borith ein, zu kommen" usw.[7])

Bei dieser immer schwächer werdenden Gewalt des Königs nun waren die in seinem Solde stehenden Gäste für ihn eine wichtige Waffe, die ihm stets zur Verfügung stand, während ihm die ungarischen

---

[1]) *Col.* 20, p. 362 f. [2]) *Cosmas, Chr. Boh.* III, 42, SS. IX, p. 122,40.

[3]) *Chr. V. P., Fl.* II, p. 208. [4]) *Fl.* II, p. 209.

[5]) A. a. O. p. 209: Deinde misit exercitum, solummodo falangos aulicorum suorum, partes Bulgarie et Servie devastatum. Denselben Ausdruck hat die Chronik übereinstimmend mit den übrigen Chroniken bei der aus den Altaicher Annalen entnommenen Schilderung des Feldzugs Heinrichs III. vom Jahre 1044, p. 149/50: cum exercitu Norico et Bohemico et cum Flangribus (!) aulicorum suorum = AA. ad a. 1044, p. 35: de reliquis regni sui partibus nullos nisi aulicos suos habebat.

[6]) *Ottonis Fris. chron.* VII, 21, p. 342. [7]) *Flor.* II, p. 214 oben.

Herren doch zuweilen Schwierigkeiten machten. Die Gäste bildeten daher die Leibwache des Königs[1]) und wurden bei den Kämpfen mehr als die anderen herangezogen, vor allem auch auf solchen Feldzügen ins Ausland, die ohne die Zustimmung der Großen unternommen wurden und daher nach der Anschauung des Mittelalters nicht auf deren Teilnahme rechnen konnten. — Abzulehnen ist die noch neuerdings bei THEODOR THIENEMANN in seiner im übrigen meist vortrefflichen Arbeit über *Die deutschen Lehnwörter der ungarischen Sprache*[2]) hervortretende Ansicht, daß die ritterlichen Gäste Ungarns im Mittelalter sich nur auf die alleroberste Gesellschaftsschicht beschränken, während Söldner erst mit dem Ende des Mittelalters aufzutreten beginnen. Söldner, das heißt Krieger, die nicht auf Grund einer Lehnsverpflichtung, sondern um Sold Kriegsdienste leisten, hat es das ganze Mittelalter hindurch gegeben, und gerade für die ritterlichen Gäste Ungarns um die Mitte des 12. Jh.s verwendet OTTO VON FREISING den Ausdruck *solidarii.*[3]) Mit Namen genannt werden ebenso in den ungarischen wie in den deutschen Quellen natürlich nur solche Gäste, die als vornehme Herren in Ungarn Aufnahme gefunden haben.

Für das stärkere Heranziehen der als Söldner unmittelbar im Dienste des Königs stehenden Gäste vor den aus Ungarn stammenden Teilen des Heeres bildet ein Beispiel zunächst der ungarisch-böhmische Krieg des Jahres 1116. Vor der Schlacht an der Olzawa nämlich erhielten nach der Darstellung des COSMAS drei Legionen der sogenannten Gäste den Befehl, für den Schutz der übrigen zu sorgen, während die Ungarn im Lager blieben und dort schmausten und tranken.[4]) Daß es sich hierbei nicht um die als flüchtige Pfeilschützen bekannten Bissenen handeln kann, wie man wohl geglaubt hat[5]), geht aus der Art des sich alsbald mit den Böhmen entwickelnden Kampfes hervor. Die Gäste siegten auch wirklich über die angreifenden Böhmen[6]), aber der Kampf wurde schließlich dadurch zu ihren Ungunsten entschieden, daß ein Teil des böhmischen Heeres unvermutet das Lager überfiel und die dort untätig schmausenden Ungarn verjagte, wodurch auch die Gäste zur Flucht gezwungen wurden. Die Ungarn hielten

---

[1]) *Ottonis Fris. G. Frid.* I 32, p. 51: At in ipsa regis acie hospites, quorum ibi magna copia est, et qui apud eos principes dicuntur, latus principis ad muniendum ambiunt.

[2]) *Ung. Jahrbb.* 1922, S. 93. [3]) *Gesta Frid.* I, 32, Sch. V. 1912, p. 51.

[4]) *Chr. Boh.* III, 42, *SS.* IX, p. 123: . . . tres armatas, quas vocant hospitum legiones, iubent extra castra ire et pro defensione sua stare ex adversa parte amnis etc.

[5]) So KARL TAGÁNYI in seiner Antwort auf ERDÉLYIS *Kritische Fragen der ung. Gesellschaftsgesch. der Arpadenzeit* (ung.), *Tört. Sz.* 1916, S. 306f.

[6]) *Cosmas* a. a. O. Z. 18: Illae autem, quas praediximus hospitum legiones, quae etiam contra nostrum ducem bello praevaluerant, revertentes a caede etc.

diese in der Verwirrung wohl wegen ihrer schweren Bewaffnung für Feinde und fanden aus Furcht zum großen Teil in den Fluten des Flusses ihren Tod.

Ein anderes Beispiel bilden die schon oben erwähnten Feldzüge Stephans II. gegen die Byzantiner. Nach der Wiener Bilderchronik sandte der König zunächst nur seine *aulici* aus, um Bulgarien und Serbien zu verwüsten. Als dann der König persönlich ins Feld zieht, heißt es, er sei von 700 „fränkischen", d. h. abendländischen Kriegern begleitet gewesen, mit denen er Bulgarien verwüstete und durch deren technische Kunstfertigkeit (*ingenia*) er die Mauern der griechischen Burgen zerstörte. Erst als dann die Griechen ihrerseits mit einem großen Heere in Ungarn einrückten, heißt es, daß Stephan „die ganze Macht seines Reiches" gegen sie entsandt habe. Denn bei einem feindlichen Einfall in das Land sind nach mittelalterlicher Anschauung die Großen in jedem Falle zur Heeresfolge verpflichtet.

Die Herkunft der abendländischen Gäste.

Auch die Gäste kriegerischen Standes setzten sich ihrer Herkunft nach aus verschiedenen Nationalitäten zusammmen. Einen Teil von ihnen wird Frankreich gestellt haben, wo das Rittertum besonders früh zur Blüte gelangt war. Daß Franzosen in nicht unbeträchtlicher Zahl nach Ungarn gelangt sind, geht daraus hervor, daß zur Zeit des Mongoleneinfalls die Bewohner der Stadt Gran, bei denen es sich allerdings in der Hauptsache um Kaufleute gehandelt haben wird, Franzosen waren.[1] Auch wallonische Ansiedlungen gab es im späteren Mittelalter in Ungarn (*gallica loca*), wenn auch die im Jahre 1447 angeblich in alten Chroniken gefundene Nachricht von Ansiedlungen aus der Zeit Andreas' I.[2] anfechtbar ist. Vor allem aber werden im Fremdenkatalog der Chroniken, dessen ursprüngliche Gestalt in die Mitte des 13. Jh.s gehören wird und am Ende des Jahrhunderts von Keza umgestaltet wurde, auch einige aus Frankreich stammende vornehme Geschlechter genannt.[3]

Ferner gab es Italiener unter den ritterlichen Gästen. Im spä-

[1]) *Mag. Rog. c. mis. SS.* XXIX, p. 565,30: Hungari vero et Francigene et Lombardi, qui quasi erant domini civitatis.

[2]) Emile de Borchgrave, *Essai Historique sur les colonies belges . . en Hongrie et en Transylvanie pendant les XI. XII. et XIII ièmes siècles. Mém. des Prix de l'Académie de Bruxelles* 36, 1871, S. 16—29 und S. 113—117. Borchgraves Arbeit ist übrigens ganz unbrauchbar.

[3]) *Flor.* III p. 35: Gerse (= *Chr. Bud.;* Merse = *Vind. P.;* Berse = *Dubnic.;* Betze [Becse] = *Keza*) autem et Gregorii generatio de Francia est ex consanguinitate Guillermi dicti Corves (*Chr. Bud.;* Cornes = *Dubn.;* Cornes = *V. P.; Keza* = Cornes) . . . *Chr. Vind.* P., Flor. II, p. 131 unten: Illi vero de Sambuk de comitibus Campanie ex Francia oriuntur. Ebenso bei *Keza*, a. a. O. p. 94 unten.

teren Mittelalter spielten Italiener besonders als Kaufleute und Bankiers eine Rolle, besonders in Gran, wo sie neben den Franzosen und Ungarn einen wesentlichen Teil der Einwohnerschaft bildeten und nach ihrer heimischen Weise innerhalb der Stadt festungsartige Paläste bauten, in denen sie sich verschanzen konnten.[1]) Auch ein Teil der nach der Zerstörung ihrer Stadt heimatlos gewordenen Mailänder soll sich unter GEISA II. in Ungarn niedergelassen haben.[2]) Als Krieger aber müssen die Italiener deshalb eine große Rolle in Ungarn gespielt haben, weil sie neben den Deutschen den besonderen Gegenstand des Hasses der ungarischen Chroniken bilden.[3]) Auch geht eine Reihe von ungarischen Lehnwörtern, die sich auf Waffen und Dinge des Ritterlebens beziehen, auf das Italienische zurück. Einen besondern Anlaß zum Einwandern von Italienern boten neben der Regierung des Venetianers PETER die Heiraten KOLOMANS und STEPHANS II. mit normannischen Prinzessinnen, deren Gefolge sie bildeten. Im Fremdenkatalog wird daher auch angegeben, daß zur Zeit König Kolomans aus Apulien OLIVERUS und RATOLDUS nach Ungarn gekommen sind.[4]) Daß angesehene italienische Geschlechter auch politisch eine bedeutende Rolle in Ungarn zu spielen vermochten, zeigt das Beispiel einer durch Reichtum und Ansehen hervorragenden Abendländerin wahrscheinlich italienischer Herkunft, die den griechischen Kaiser von den geplanten Unternehmungen Stephans II. in Kenntnis setzte.[5]) Neben solchen

---

[1]) *Mag. Rog.* c. mis; *SS.* XXIX p. 565, 32 ff.

[2]) *Chron. Tolosani canonici Faventini,* Documenti di storia Italiana VI, Florenz 1876, p. 636: . . . ceteris (Mediolanensibus) ad partes diversas migrantibus, quia migraverunt in Hungariam et ad eundem regem se contulerunt, et a quo honorifice suscepti sunt, et a quibus nulla voluit recipere servitia . . . et tunc quidam de voluntate dicti regis in comitatu Colozanis seu Colocensium villam de novo fecerunt, vocatam Francavillam, alii aliam in eodem comitatu, Cadabul vocatam, aedificaverunt. In quibus ecclesias in honorem beati Ambrosii patroni eorum aedificaverunt.

[3]) Z. B. in der Wiener Bilderchr. p. 145: . . . Petrus . . . rex . . . cum Teutonicis belluina feritate rugientibus et cum Latinis yrundinum garrulitate murmurantibus devorabat (bona terrae).

[4]) Flor. III, p. 35 unten.

[5]) JOH. KINNAMOS, p. 12, 18: *Ἦν δέ τις ἐν τῇ Οὔννων χώρᾳ γυνὴ Λατίνα μὲν τὸ γένος, πλούτῳ δὲ καὶ τῇ ἄλλῃ περιφανείᾳ διαφέρουσα. αὕτη παρὰ βασιλέα πέμψασα δῆλα καθίστη τὰ μελετώμενα.* Mit dem Ausdruck *Λατῖνος* bezeichnen die Byzantiner zwar mitunter auch andere sich des Lateinischen als Schriftsprache bedienende Abendländer, so nennt NIKETAS CHONIATES das Heer Konrads III. auf dem 2. Kreuzzug bald *Ἀλαμάννοι* (88, 10, 89, 13,) bald *τὰ Λατινικὰ στρατεύματα* (90, 1), bald *Ἴταλοι* — besonders deutlich für den synonymen Gebrauch von *Ἀλαμάννοι* und *Ἴταλοι* ist die Schlachtschilderung auf S. 95 — und so kann er p. 321, 10 von „Lateinern verschiedener Nationalität" sprechen; aber in den meisten Fällen scheinen doch Italiener darunter verstanden werden zu müssen. Wie weit sich der gelehrte Gebrauch archaischer Volksnamen bei den Byzantinern verstieg, wird am besten

vornehmen Herren wird es auch geringere italienische Söldner in Ungarn gegeben haben. Spielten doch lombardische Söldner eine große Rolle auch im byzantinischen Heere[1]), und auch die Heerführer selbst waren hier oft Italiener.

Auch die westlichste abendländische Nation, die Spanier, blieben unter den vornehmen Gästen in Ungarn nicht ohne Vertreter. Denn wir finden im Fremdenkatalog als reichbegütertes Geschlecht die Familie des SIMON und seines Bruders MICHAEL aufgeführt, die sich nach einer in Westungarn gelegenen Besitzung Mortunsdorf (= Mattersdorf, Nagy Marton) benannten. Nach *Kezas* Version wäre das Geschlecht unter der Regierung König EMMERICHS als Begleiter von dessen Gattin KONSTANZE VON ARAGON, der späteren Gemahlin FRIEDRICHS II., nach Ungarn gekommen.[2]) Da aber „Graf Simeon aus Spanien" noch während des Tartareneinfalls die Verteidigung der Burg von Gran leitete[3]), wird sich auch hier die Priorität der ursprünglichen Gestalt der Chroniken gegenüber Keza bestätigen. Denn nach ihren Angaben kamen die Brüder und ihr Oheim BERTRAM, die wegen der Streitigkeiten ihrer Familie mit dem König von Aragon wahrscheinlich erst nach Frankreich geflohen waren, wo BLANKA VON KASTILIEN die Gattin des Thronfolgers war, in Begleitung der JOLANTE VON COURTENAY, der 2. Gattin des Königs ANDREAS II. nach Ungarn.[4]) Keza ergänzte und veränderte dies in seiner Weise nach der Tradition seiner Zeit oder auch nur, weil es ihm wahrscheinlicher vorkam, und ließ das Geschlecht schon mit der spanischen Prinzessin in Ungarn einwandern. Die Namen Symeon und Michael scheinen in der Familie erblich gewesen zu sein, denn noch im Jahre 1291 verteidigen zwei Männer dieses Namens ihre Burg Mattersdorf gegen Albrecht von Österreich. Damals aber waren sie in der deutschen Umgebung schon längst germanisiert und werden nicht mehr als Spanier bezeichnet.[5]) Ein anderes spanisches Geschlecht, nämlich das des KYQUINUS (?) und RENALDUS, soll schon mit der Königin MARGARETHA, angeblich der zweiten Gemahlin König BELAS I. nach Ungarn gekommen sein.[6])

---

dadurch gekennzeichnet, daß bei Kinnamos *Γερμανοί* nicht etwa die Deutschen, sondern die Franzosen bezeichnet.

[1]) Vgl. *Joh. Kinnamos* p. 10, 20. [2]) *Flor.* II, p. 95, 61.

[3]) *Mag. Rog. c. m., SS.* XXIX p. 565, 49: castro civitatis non expugnato, in quo erat comes Symeon Hispanus cum multis balistariis . . .

[4]) *Flor.* III, p. 37.

[5]) *Ottokars Österr. Reimchr., M. G. Deutsche Chroniken* V, 1 p. 393 Vers 29843:

Dô fuor man für Mertinsdorf,
die heten verdienet daz
daz sie der herzog besaz
grâf Michel und grâf Symon . . . . und öfter.

[6]) *Flor.* III, p. 35.

Außerdem wird noch von Gästen aus Polen und Böhmen berichtet.[1]) Keza macht als böhmische Einwanderer das Geschlecht RODOANS und BAGATHS namhaft, desgleichen die Herren von LODAN[2]), und als vornehme mährische Familien nennt er die mit Bela IV. verschwägerten Brüder MYURK VON CHAKAN, WENZESLAUS und JAKOB.[3]) An den Kämpfen der ungarischen Könige gegen die Griechen nahmen wiederholt Tschechen teil, aber in erster Linie nicht als Gäste, sondern als Bundesgenossen.

Die deutschen Gäste des Kriegerstandes.

Diejenige Nation indessen, welcher der überwiegende Teil dieser kriegerischen Gäste entstammte, war die deutsche. Was die vornehmen Herren anbetrifft, so werden im Fremdenkatolog der Chroniken 9 deutsche gegen 5 fremde Geschlechter aufgeführt, bei Keza 10 gegen 7. Unter der großen Menge der fremden Krieger aber waren die Deutschen so sehr in der Überzahl, daß Otto von Freising ohne weiteres von ihnen als von „unsern" Gästen spricht.

Neben den schon oben besprochenen Flüchtlingen, die aus irgendeinem Grunde ihr Vaterland hatten verlassen müssen, waren auch aus freien Stücken vornehme deutsche Herren im 11. und 12. Jh. meist gern bereit, eine Zeitlang in den Dienst fremder Herrscher zu treten, um hier Ruhm und Reichtümer zu erwerben. Als im Jahre 1101 UDALRICH seinen Bruder BORIWOY vom böhmischen Thron vertreiben wollte, mußte er zu diesem Zwecke in Deutschland ein Heer sammeln, und es gelang ihm in der Tat dadurch, daß er ihnen „goldene Berge" versprach, eine große Menge deutscher Ritter, darunter auch Fürsten mit ihren Mannen für seine Zwecke zu gewinnen. COSMAS VON PRAG knüpft an seinen Bericht hierüber einen seiner ironischen Ausfälle gegen den deutschen Michel, der tatsächlich geglaubt hat, daß in Böhmen das Gold und Silber pfundweise auf den Straßen läge.[4])

Auch für Ungarn sind solche Nachrichten von deutschen Herren mit ihren Rittern, die sich in den Dienst des Königs stellten, nicht selten überliefert. Zu Beginn der Streitigkeiten zwischen SALOMO und seinen Vettern, als es noch nicht zum offenen Ausbruch des Bürger-

---

[1]) *Flor.* III, p. 37: Intraverunt .... Bohemi, Poloni etc. Ebenso Keza *Flor.* II, p. 96 unten.

[2]) *Flor.* II, p. 85, § 60.

[3]) A. a. O. p. 96, § 63. Das Geschlecht des Bagath wird in Verbindung zu bringen sein mit einem „*Boguta*" aus dem Gefolge des Herzogs Konrad von Mähren, von dem VINCENTIUS VON PRAG (*SS.* XVIII, p. 681,31) berichtet, er sei als armer Mann nach Griechenland gezogen und hätte sich hier bald so ausgezeichnet, daß der Kaiser ihn unter die ersten Männer aufnahm und mit einer reichen Burg beschenkte.

[4]) *Chr. B.* III, 15, p. 108,22, ad a. 1101.

kriegs gekommen war, soll Salomo nach der Darstellung der *Wiener Bilderchronik* an die Rabnitz gezogen sein, weil er dort die Ankunft dreier deutscher „Herzöge" erwartete, die ihm im Kampf gegen Geisa zur Seite stehen sollten.[1]) Als dann später Salomos Herrschaft auf den Westen seines Landes beschränkt war und er von den Bissenen angegriffen wurde, soll er den Markgrafen Ernst von Österreich, der kurze Zeit später in der Schlacht an der Unstrut fiel, durch das Versprechen einer großen Geldsumme bewogen haben, ihm zu Hilfe zu ziehen. Am Kampfe selbst soll sich dann allerdings der Markgraf nicht beteiligt haben und daher auch die Geldzahlung unterblieben sein.[2]) Als dann Salomo persönlich nach Deutschland kam und sich hier um Hilfe umsah, soll er, abgesehen von dem Anflehen des Königs, auch von sich aus versucht haben — angeblich erfolglos — deutsche Krieger für schweres Geld als Söldner zu gewinnen.[3])

Als der Thronprätendent Boris im Jahre 1131 mit polnischer Unterstützung den schon oben erwähnten Einfall in Ungarn unternahm, wandte sich König Bela II. auch seinerseits nach Deutschland um Hilfe und ließ dort ein größeres Heer sammeln, in dem sich neben vielen anderen vornehmen Deutschen auch Albert, der Sohn Markgraf Leopolds von Österreich, befand. Nach der Darstellung Ottos von Freising haben Boris und der Polenherzog, als sie in der Nähe aus dem Waffengeklirr und der Stimme der zum Kampf anfeuernden Befehlshaber die Anwesenheit der deutschen Schar erkannten, eher aus Furcht vor diesen als vor den Ungarn ohne weiteres die Flucht ergriffen.[4]) Umgekehrt bediente sich auch Boris bei einem neuen Versuch, sich das Reich seines Vaters zu erobern, im Jahre 1146, nachdem Belas Sohn Geisa II. König geworden war, ausschließlich deutscher Krieger, die in seinem Dienst unter der Führung eines Grafen Herrmann und Luitold die Burg von Preßburg durch Handstreich einnahmen. Als Geisa nach dem Grunde dieses Überfalles forschen ließ, antworteten sie, sie ständen weder im Dienste des deutschen Königs noch des bayrischen Herzogs, sondern allein ihres Herrn Boris. Sie standen also als „Gäste" in seinem Solde und hätten, falls er siegreich gewesen wäre, auf hohe Ehrenstellen in Ungarn rechnen können.[5]) Als aber Geisa mit seinem Heere vor Preßburg rückte und Widerstand ziemlich aussichtslos erschien, überlieferten sie die Burg für eine große Geldsumme und kehrten wieder in ihre Heimat zurück. — Andere deutsche Fürsten oder Ritter standen dagegen um dieselbe Zeit im Dienste König Geisas selbst. Otto von Freising berichtet am Ende des historischen Teils seiner *Geschichte von den zwei Staaten*, der

---

[1]) *Chr. Vind. P., Fl.* II, p. 178 unten. [2]) *Chr. Vind. P.*, Flor. II, p. 188.
[3]) Flor. III, p. 89. [4]) *Ottonis Fr. Chr.* VII, 15, p. 342.
[5]) *Cont. Admunt.* ad a. 1146, *SS.* IX, p. 581, 11. *Ottonis Gesta Frid.* I, 31, p. 48, 12.

in jener Zeit in Erwartung des Angriffs Geisas II. auf Bayern, dessen Herzog Heinrich Jasomirgott er für die Begünstigung der Aufständischen strafen wollte, beendet wurde, daß der Ungarnkönig durch Geld viele Deutsche für seinen Krieg gegen ihre Landsleute gewann.[1])

Deutsche Ritter in großer Anzahl nahmen vor allem auch an den Kämpfen teil, welche die Ungarn mit dem griechischen Kaiser Manuel und dem von ihm begünstigten Prätendenten zu bestehen hatten. Als zu Anfang der 50er Jahre Kaiser Manuel nach Niederwerfung der Serben, die durch ungarische Streitkräfte unterstützt worden waren, in wiederholten Feldzügen Ungarn selbst angegriffen und sich in den Besitz von Sirmien gesetzt hatte, rückte König Geisa im Jahre 1152 mit einem Heere aus Tschechen und Sachsen und Kriegern anderer Nationalität über die Donau und belagerte mit ihnen Branitzowa.[2]) An die auf Geisa II. zurückgehende Ansiedlung der Siebenbürger Sachsen darf bei diesen von Kinnamos erwähnten Sachsen nicht gedacht werden, weil diese in jener Zeit noch nicht mit dem Namen „Sachsen" bezeichnet wurden, weil ferner ihre Aufgabe keine vorwiegend militärische war — sie hatten auch später für die Feldzüge des Königs nur wenig Mannschaften zu stellen — und weil schließlich aus den Worten des Kinnamos „Streitkräfte aus den Tschechen und Sachsen und vielen andern Völkern" hervorgeht, daß es sich um aus dem Auslande herbeigerufene Krieger handelt. Es werden daher Niederdeutsche damals in größerer Anzahl in den Dienst des Ungarnkönigs getreten sein.

In ähnlicher Weise wird auch für den Feldzug des Jahres 1167, in welchem es zu einer blutigen Schlacht zwischen dem ungarischen Heerführer Dionysius und dem Griechen Andronikos Kontostephanos kam, berichtet, daß die Ungarn neben ihren eigenen Kontingenten eine beträchtliche Streitmacht von Rittern fremder Nationalität ins Feld führten, unter denen neben Russen und Tschechen, die in diesem Falle nicht als „Gäste" sondern als Bundesgenossen anzusehen sind, da ihr König selbst mit seinem ganzen Heere herbeizog, vor allem die deutschen, für Sold angeworbenen Ritter hervorgehoben werden.[3]) — Wie weit verbreitet in jener Zeit unter den deutschen Rittern die Sitte gewesen sein muß, in die Fremde zu ziehen und dort als Söldner in den Dienst der Herrscher zu treten, geht daraus hervor, daß auch auf griechischer Seite an dieser Schlacht neben Italienern und Türken eine deutsche Abteilung teilnahm. Ein Teil dieser deutschen Ritter wurde zu den besten Kriegern des Heeres gezählt.[4])

---

1) *Chron.* p. 368, 2. 2) *Kinnamos*, p. 130.

3) *Nik. Chon.*, p. 198, 44 f. und *Kinnam.*, p. 218, 6.

4) *Kinnam.* p. 271, 14.

Umwandlung des ungarischen Heerwesens unter dem Einfluß der abendländischen Gäste.

Die zu Geisas und Stephans Zeiten beginnende und dann ununterbrochen durch das 11. und 12. Jh. sich fortsetzende Aufnahme abendländischer, besonders deutscher Krieger in das ungarische Heer hatte zur Folge, daß dessen Charakter sich schließlich kaum noch von dem der gleichzeitigen Ritterheere des Abendlandes unterschied, wenn auch Otto von Freising nur einen äußerlichen ritterlichen Firnis anerkennen will. Was die schwere Bewaffnung und Taktik der Ritterheere anbetrifft, so war jedenfalls das ungarische bereits schwerfälliger geworden als das griechische, das sich, obgleich es ebenfalls zum größten Teil aus abendländischen Söldnern bestand, doch eine größere Beweglichkeit bewahrt hatte. Die Schilderung, die Kinnamos und besonders Niketas Choniates von der erwähnten Schlacht des Jahres 1167 geben, offenbart dies in deutlicher Weise: Dionysius stellt das ungarische Heer im Gegensatz zu der Taktik des Andronikos nicht in Abteilungen oder in einer Schlachtreihe auf, sondern bildet ein einziges großes dicht zusammengedrängtes Viereck, wodurch er die Verachtung der Griechen erregt.[1]) Das Ganze war ein mit langen Lanzen bewaffnetes Ritterheer, und nicht nur die Männer waren vom Kopf bis zu den Füßen in Eisen gehüllt, sondern auch die Pferde.[2]) Außerdem hatte das Heer ein Feldzeichen, wie es auch in Italien und Deutschland erst vor kurzem aufgekommen war, das *carrocium*, das an einem dicken Mast angebracht auf einem Wagen stand, der von 4 Rindergespannen gezogen werden mußte.[3])

Aufgehen der ritterlichen Gäste im Ungartum.

Diese Aufnahme von abendländischen Rittern in das ungarische Heer, die dem König eine gewisse Unabhängigkeit vom einheimischen Adel und der Geistlichkeit sichern und zugleich die Verbindung mit der abendländischen Kriegskunst und Kultur herstellen sollte, setzte sich auch in der Folgezeit fort und erreichte besonders unter König Andreas II. unter dem Einfluß seiner Gemahlin Gertrud von Meran, aber auch noch nach ihrer Ermordung durch die national-ungarische Partei einen Höhepunkt. Das vorherrschende Element unter den abendländischen Gästen aber bildeten sie seit dem Ende des 12. Jh.s nicht mehr. Denn in jener Zeit hatte die Ansiedlung von deutschen Bürgern einen solchen Aufschwung genommen, daß unter der Bezeichnung *hospites* allmählich — neben den Siebenbürger Sachsen — zwar nicht

---

1) *Nik. Chon.* p. 202, 9. 2) A. a. O., p. 202, 16.
3) A. a. O. p. 202, 14.

ausschließlich, aber doch in erster Linie sie zu verstehen sind. Im Gegensatz zu diesen Bürgern, die in abgeschlossenen Ansiedlungen wohnen und, um die ihnen als „Gästen" verliehenen Rechte auch ihren Nachkommen zu sichern, eifrig darauf bedacht sind, daß ihre Kinder trotz der Kenntnis der Landessprache ihr Volkstum bewahren[1]), sind die nach Ungarn gewanderten Ritter in der Regel sehr schnell im Ungartum aufgegangen, soweit sie nicht wieder in ihre Heimat zurückkehrten, ein Fall, der nicht selten eingetreten sein wird, wie ja auch Ruodlieb im 7. Jahre wieder zu seiner Mutter zurückkehrt. Die andern, die gewöhnlich ohne Weib und Kind ins Land kamen, traten, wenn sie durch königliche Schenkungen Besitzungen erhielten, in der Regel bald mit benachbarten Adligen durch Heiraten in Familienverbindung und gingen so in diesen auf. Ein großer Teil des ungarischen hohen Adels verdankt — abgesehen von den erst in der Habsburgerzeit ins Land gekommenen deutschen Geschlechtern — vornehmen Gästen des 11., 12. und und 13. Jh.s seinen Ursprung.

Nur in einem Falle blieben die Adelsgeschlechter vor der raschen Magyarisierung bewahrt, falls nämlich die ihnen zugewiesenen Besitzungen in der Nähe der deutschen Grenze lagen, ein Fall, der sehr häufig eingetreten ist, da gerade hier dem König viel Grenzödland zur Verleihung zur Verfügung stand. Hier inmitten einer deutschen Bevölkerung blieb der Adel, der zum Teil über sehr großen Besitz verfügte, zum größten Teil deutsch und stand auch mit den benachbarten niederösterreichischen und steirischen Adelsfamilien in verwandtschaftlichen Beziehungen. Es ist daher kein Zufall, daß unter den im Fremdenkatalog aufgezählten Geschlechtern der größte Teil gerade in Westungarn begütert ist. Selbst fremde Geschlechter, wie die spanischen Mortunsdorfer, wurden in diesen Gebieten germanisiert. Daß hier die Adelsgeschlechter unter der Anführung der Güssinger sich zeitweilig fast unabhängige Stellung zu erringen suchten, indem sie sich bald gegen Österreich, bald gegen den ungarischen König

[1]) *Chon. Tolosani can. Fav., Doc. di stor. Ital* VI, p. 636 von italienischen Gästen: Qui omnes Mediolanensi et Hungarica lingua gaudent et ita semper suos instituunt filios lingua eadem. Hoc ideo faciunt, ut se eadem lingua defendant et ne unquam tempore in aliquo reges vel eorum nuncii, qui temporibus erunt, aliquem eorem in servitutem redigere possent. *Chron. Corn. Zantvliet,* angeführt von Borchgrave im urkundlichen Anhang seiner Brüsseler Preisschrift: *Colonies Belges en Hongrie* v. 1871, S. 114: (Septem peregrini) ... reperti sunt in eodem materno idiomate cum Leodiensibus per omnia concordare. Et ut omnis de hoc idiomati servati (?) servie tolleretur ambiguitas, asserebant hanc causam ratione plenam, quod licet viri, propter sua commercia exercenda per diversas et vicinas regiones quotidie se transferant, et Ungrorum linguam idcirco omnes addiscant, tamen, quia semper et continuo feminae in suis domiciliis residentes, filiorum educationibus intentae, nusquam vadunt aut evagantur, nativum propterea conservantes idioma, et in eodem soboles suas instruentes.

wandten, ist bereits oben erwähnt worden. In diesen Zusammenhang ist vielleicht auch der Versuch ungarischer Adliger zu stellen, von dem Rogerius berichtet, während des Tartareneinfalls Herzog Friedrich von Österreich, den letzten Babenberger, anstelle Bélas IV. zum ungarischen König zu machen.

Die Vermittlung von deutschen Lehnwörtern durch die Gäste gestattet keinen Schluß auf deren landschaftliche Herkunft.

Die deutschen Herren und Ritter haben, da sie die Lehrmeister der Ungarn im Kriegshandwerk des Westens waren und auch eine Übertragung des höfischen Lebens von dort nach Ungarn bewirkten, als bleibendes Zeugnis ihres Wirkens für die Begriffe, mit denen sie die Ungarn bekannt machten, eine Reihe von Lehnwörtern in der ungarischen Sprache hinterlassen. Solche Wörter, von denen ein Teil heute bereits veraltet ist, sind u. a. *helym* = mhd. *helm; pancél* = mhd. *pancer*; *fegyver* vielleicht = mhd. *vêdewer* (nicht belegt); *korcovát* = mhd. *korzewât*, *kürsât*; *kastely* = mhd. *kastel*; *torony* = mhd. *türm, turn; várta* = mhd. *warte; zsold* = mhd. *solt; tornir* = mhd. *turnier*; *hódol* = mhd. *hulden*; *herceg*, *léhen*, *marsalk* und andere derartige Wörter.[1])

Melich hat den Nachweis zu führen gesucht, daß die alten deutschen Lehnwörter der ungarischen Sprache aus einem einzigen Dialekt, und zwar dem Mittelfränkischen stammen. Er geht dabei von der Voraussetzung aus, daß diese Lehnwörter durch die deutschen Mundarten vermittelt sein müssen, die ja nachweislich zum großen Teil mittelfränkischen Ursprungs sind. Für die von den deutschen Rittern übernommenen Wörter trifft nun diese Voraussetzung keineswegs zu. Was ihre Herkunft betrifft, so ist zu betonen, daß sie sich auf alle deutschen Stämme verteilt haben müssen. In dem zusammenfassenden Schlußsatz des Fremdenkatalogs ist von vornehmen Gästen sächsischer, thüringischer, meißnischer und rheinischer Herkunft die Rede, und im Katalog selbst besonders von schwäbischen und bayrischen Geschlechtern. Dasselbe geht aus den deutschen Quellen hervor und sogar auch aus den griechischen, da Kinnamos von Sachsen im Heere Geisas II. spricht. Im Vordergrund wird infolge seiner geographischen Lage der bayrische Stamm gestanden haben, keineswegs aber die Rheinfranken.

Unter den Ausdrücken, die von den Rittern stammen, ist keiner, der mit Notwendigkeit aus dem Mittelfränkischen erklärt werden müßte. Worte wie *tornir*, *torony*, *hódol* (aus *holdol*), *korcovát*, *boglár* (= mhd.

---

[1]) Eine gute Gliederung der deutschen Lehnwörter der ungarischen Sprache nach dem Alter der Entlehnung und der Art der Vermittler gibt Theodor Thienemann in der erwähnten Arbeit, *Ung. Jbb.* 1922.

buggeler), *bitang* (= mhd. *biutunge*) haben keine Beweiskraft; denn wenn in ihnen auch im heutigen Ungarischen sowohl wie im Mittelfränkischen ein *o*, im Mittelhochdeutschen aber ein *u* auftritt, so scheint doch der Wechsel zwischen *u* und *o* eine besondere Eigentümlichkeit der ungarischen Sprache zu sein. Wir finden in ihr heute meist da ein *o*, wo im Mittelalter ein *u* überliefert ist, auch da, wo es sich um keinen irrationalen, sondern um einen vollen Vokal handelt, wie bei dem Worte *munda* (monda) der *Halotti Beszéd* oder bei dem Namen *Hunt* = *Hont*. Dieselbe Erscheinung zeigt sich auch in andern Entlehnungen, die bestimmt nicht dem Mitteldeutschen entstammen, wie im lateinischen *templum*, das zu *templom* wird oder in Wörtern der Militärsprache, wie *rékszom*, *zakompak* usw. Das gleiche gilt für die gleichfalls als mitteldeutsch in Anspruch genommenen Palatalisierung der Endkonsonanten *l*, *m*, *n*, *d* und *t* in den Wörtern *helym*, *kastély*, *torony*, *fegyver und frigy* (= Waffenstillstand). Auch diese Erscheinung ist nämlich in Wörtern nachweisbar, die dem Oberdeutschen entstammen, wie z. B. *platnyi* = öst.-bayr. *platt'n* usw. Für die Entscheidung, ob ein Lehnwort dem Mitteldeutschen entstammt, kann allein, wie mit vollem Recht auch Thienemann betont, der gleichfalls das Bestreben ablehnt, in den Wörtern des Rittertums besondere mundartliche Eigenheiten zu suchen[1]), die Frage maßgebend sein, ob die Konsonanten *p*, *t*, *k* verschoben sind oder nicht. Gerade bei den ältesten Lehnwörtern aber, als welche die ritterlichen Wörter — abgesehen von den von Thienemann postulierten, aber immerhin anfechtbaren germanischen Lehnwörtern — betrachtet werden müssen, ist dies nicht der Fall. Erst die Bürger, die sich zwar auch aus den verschiedenartigsten Elementen zusammensetzten, sogar in ein und derselben Stadt, bei denen aber doch infolge der geschlossenen Ansiedlung eine bestimmte Mundart als die herrschende sich durchsetzte, haben dialektische Wörter in größerer Anzahl vermittelt. Aber auch bei diesen hat nicht das Mitteldeutsche unbedingt die Vorherrschaft, sondern das Oberdeutsche hält ihm mindestens die Wage. Nur die mehr oder weniger in größeren Gruppen aus ein und derselben Gegend stammenden und zusammen angesiedelten Siebenbürger und Zipser Sachsen waren in der Lage, eine große Menge mitteldeutscher Wortformen zu vermitteln. Da sie aber nicht so sehr in Berührung kamen mit der großen Menge der Ungarn wie die andern Klassen der Gäste, so beschränken sich die von ihnen stammenden Wörter entweder auf gewisse ungarische Dialekte, oder aber auf bestimmte Begriffskreise, wie die durch die Zipser Sachsen vermittelten Ausdrücke des Bergbaus.

---

[1]) *Ung. Jbb.* 1922, S. 94.

Exkurs I:

Die Bedeutung des Namens „Pannonien" in der Karolingerzeit.

In den Arbeiten, die sich mit der Feststellung der Grenzen und der Einteilung des karolingischen Pannonien befassen [1]), herrscht, mehr oder weniger deutlich hervortretend, die Ansicht, daß unsere Quellen mit dem Wort *Pannonia* und den Teilbezeichnungen *P. superior* und *P. inferior* ganz bestimmte, streng abgegrenzte Gebiete bezeichnen. Die Verfasser geraten daher mitunter bei der Interpretation der Quellen in Schwierigkeiten und greifen teilweise sogar zu Konjekturen. Dümmler hält das karolingische Pannonien für identisch mit dem römischen und nimmt als Grenze von Ober- und Unterpannonien „wie zu der Römer Zeiten" (!) die Raab an.[2]) Felicetti betrachtet die Diözesangrenze zwischen Salzburg und Passau, sowie er sie sich denkt, auch als Grenze zwischen Ober- und Unterpannonien, d. h. die Rabnitz von ihrer Quelle bis zur Mündung. Ähnlich spricht Kämmel von einer Linie von Wiesmath, an der Rabnitz hinunter bis zur Raab.[3]) Dieselbe Einteilung nimmt dann auch Pirchegger vor.[4])

Es ist indessen keineswegs notwendig, eine feste Fixierung des Begriffs „Pannonien", wie sie zur Römerzeit natürlich bestand, auch für das Mittelalter vorauszusetzen. Pannonien war mit dem Ende der Römerherrschaft von einem politischen zu einem litterarischen Begriff herabgesunken, der dann erst wieder in der Karolingerzeit praktische Bedeutung erlangte. Da ist es denn kein Wunder, wenn vielfach ein Gebiet darunter verstanden wird, das sich mit dem römischen Pannonien keineswegs deckt. In dem *Carmen Theodulfi ad Carolum regem* [5]) heißt es:

Quas tibi Pannonico
mittit ab orbe deus.

Es wird also der zwischen Donau und Theiß gelegene [6]) Ring der Awaren als „pannonisch" bezeichnet. — Nach den *Fuldaer Jahr-*

---

[1]) Ernst Dümmler: *Über die südöstlichen Marken des Fränkischen Reiches.* Arch. f. d. K. Öst. G. 10, S. 1—87. Felicetti von Liebenfels: *Steiermark im Zeitraum vom 8.—12. Jh.* Beitr. z. K. steierm. Gesch. qu u. 9, 1872, S. 7—28. Kämmel: *Die Anfänge d. deutschen Lebens in Österr.* 1872, S. 213 ff. Joseph Lampel: *Über die Mark Pütten.* Bl. d. V. f. Landesk. v. Niederöst., N. F. 22, 1888, S. 133—187, besonders S. 151 ff. Nicht so sehr bei Vancsa, *Gesch. N. u. O.—Öst. I,* Gotha 1905, S. 160 f. Dagegen wieder stark hervortretend bei Pirchegger: *Karantanien und Unterpannonien zur Karolingerzeit.* M. I. ö. G. 1912, S. 272—319. Derselbe: *Gesch. der Steiermark,* Gotha 1920 S. 37 ff.

[2]) *Südöstl. Marken.* S. 11 ff.

[3]) *Anfänge* S. 213.

[4]) So *Gesch. d. Steierm.* I., A. 97.

[5]) M. G. *Poet. Lat.* I, p. 484, 34.

[6]) Vgl. Abel-Simson, *Jbb. d. Fr. Reichs u. Karl d. Großen* II, S. 99 f.

büchern[1]) schickt Erich von Friaul seine Leute zur Eroberung des Awarenringes *in Pannonias*, ebenso später Pippin, von dem es nach der Besetzung des Ringes und dem Verjagen der Awaren über die Theiß[2]) heißt: *de Pannonia redeuntem.* Auch der *Mönch von St. Gallen* spricht nach Beschreibung des großen Awarenringes von der „in Pannonien gemachten Beute".[3]) — *Einhard* dagegen bezeichnet einmal, um mit möglichst viel verschiedenen Namen der unterworfenen Länder prunken zu können, das Land zwischen Donau und Theiß als *Dacia*, indem er hierbei ebensowenig wie die andern in Übereinstimmung mit dem Altertum verfährt.[4]) — Seit der Ungarninvasion wird dann die Übertragung des Namens „Pannonien" auf ganz Ungarn zur Regel. Schon *Regino* macht damit den Anfang.[5]) Vom Anfang des 11. Jhs. an nennen sich die ungarischen Könige selbst, in Urkunden und auf Münzen, *rex Pannoniae* oder *Pannoniorum rex.*

Ebensowenig wie im Osten ist der Begriff „Pannonien" im Westen streng begrenzt. Es ist leicht zu verstehen, wenn hier die Bezeichnung *Pannonia* weit in das alte *Noricum* hineingreift; denn *Noricum* seinerseits war weit nach Westen gerückt und diente zur gelehrten Umschreibung des Namens *Baioaria*, das im Altertum in seinem Hauptteile zur Provinz Rhätien gehört hatte. Mit „Pannonien" bezeichnete man das östlich davon gelegene ehemalige Gebiet der Awaren, und es ist daher nur natürlich, wenn auch das ganze ihnen abgenommene Land von der Enns an darunter verstanden wurde.

In der Tat wird denn auch in der Urkunde Ludwigs des Deutschen für Niederaltaich vom 16. Juni 863 die Gegend zwischen Enns und Ybbs deutlich als in Pannonien gelegen betrachtet.[6]) In der Urkunde Ludwigs des Deutschen für St. Emmeram in Regensburg vom 1. Mai 859 heißt es geradezu, daß Tulln in Pannonien liege.[7]) Auf diesen Gebrauch des Wortes in der Karolingerzeit muß es zurückgehen, wenn auch in den späteren Jahrhunderten gelegentlich die Bezeichnung Pannonien so weit nach Westen ausgedehnt wird. Denn wenigstens seit der Fixierung der Leithagrenze gegen Ungarn ist die Entstehung einer solchen Auffassung des Begriffs „Pannonien" unwahrscheinlich. In der *Translatio S. Dionysii Areopagitae*, die von einem Fälscher des 13. Jh.s herrührt, der für seine geographischen Angaben

---

[1]) Sch. p. 98, ad a. 796. [2]) *Einhardi Annales* ad a. 796.

[3]) Jaffé, *Bibl.* IV, p. 667: praedam in Pannonia repertam.

[4]) *Vita Caroli Magni*, Sch. 6, 1911, p. 18,18: .... utramque Pannoniam et adpositam in altera Danubii ripa Daciam.

[5]) *Reginonis chron.*, Sch. v. 1890, p. 132 ad a. 889 (!): (Ungari) primo quidem Pannoniorum et Avarum solitudines pererrantes, venatu ac piscatione victum cotidianum quaeritant; deinde .... (incursiones faciunt).

[6]) B.-M., Nr. 1451 = M. B. XI, p. 120. [7]) B.-M. Nr. 1438.

vielleicht alte Quellen benutzte, heißt es, Regensburg läge in der Mitte zwischen Oberpannonien und Schwaben (*Allemannia*). Diese Angabe kann nur dann einigermaßen Sinn haben, wenn der Verfasser Oberpannonien an der Enns oder noch weiter westlich beginnen läßt.[1]) *Otto von Freising* sagt in seiner Chronik geradezu: *Marchiam orientalem* (die babenbergische Ostmark), *id est Pannoniam superiorem.*[2])

Daß daneben die Bezeichnung „Pannonien" auch ungefähr dem antiken Gebrauch entsprechend verwandt wurde oder auch mit politischen Grenzen (des Gebiets Arnulfs von Kärnten vor 887) zusammenfiel, soll nicht bestritten werden; nur eine feste Regelung gab es hierbei nicht.

Ebensowenig eindeutig ist in jener Zeit die Trennung des Landes in *Pannonia superior* und *inferior*. Sie ist rein litterarisch, denn in Urkunden findet sie sich meines Wissens nicht. Einzelne Schriftsteller haben in Erinnerung, daß die Römer eine solche Teilung vornahmen, gebrauchen daher, wie Einhard, mitunter den Plural *Pannoniae*, verwenden die Bezeichnungen *P. superior* und *P. inferior* etwa in dem Sinne: Die obere und die untere Gegend Pannoniens, und verstehen, einander widersprechend, verschiedene Gebiete darunter. Die *CBC.* nennt nur das untere Pannonien, *P. inferior* oder auch *P. orientalis*[3]), und versteht darunter das ganze zu den Diözesen Aquileja und Salzburg gehörige Gebiet zwischen Sau und Raab, vielleicht sogar noch darüber hinaus bis zum Wiener Wald. Denn die Hunnen (Awaren) vertreiben die Goten und Gepiden *de inferiore Pannonia* und halten das Land in Besitz, bis Franken und Bayern mit den Karantanern sie besiegen.[4]) — Die Römer wohnten früher auf der Südseite (!) der Donau im „unteren Pannonien" und den benachbarten Gegenden, und noch jetzt sind dort die Trümmer ihrer Städte su sehen.[5]) Die meisten und besonders bekannten Ruinen römischer Städte liegen gerade im Lande links der Raab: Carnuntum, Vindobona, Flexum, Scarbantia und Sabaria; rechts der Raab und von Salzburg aus ziemlich entlegen nur Aquincum und Sopianae. Nach derselben Quelle überweist Pippin im Jahre 796 den Teil Unterpannoniens am Plattensee, der sich jenseits der Raab bis an die Draumündung erstreckt, dem Sprengel des Erzbischofs von Salzburg.[6]) Priwina erhält „aliquam inferioris Pannoniae partem circa fluvium, qui dicitur Sala", worunter

---

[1]) SS. XI, p. 372.

[2]) *Chron.* VI, 15, Sch. v. 1912, p. 275, 19.

[3]) So SS. XI, p. 14, 22. [4]) SS. XI, p. 6, 24.

[5]) SS. XI, p. 9, 8. Über des Verfassers der CBC. Unkenntnis oder Unterschätzung des Donauknies bei Waitzen siehe unten S. 192.

[6]) SS. XI, p. 9, 18: partem Pannoniae circa lacum Pelissa inferioris, ultra fluvium qui dicitur Hrapa, et sic usque ad Dravum fluvium.

wahrscheinlich dasselbe Gebiet zu verstehen ist.[1]) Das römische Unterpannonien dagegen hat sich, wie die Inschriften zeigen, niemals über den Plattensee hinaus nach Westen erstreckt.

Die *Fränkischen Reichsannalen* haben eine andere Einteilung Pannoniens als die *CBC.* Bei ihnen bildet die Drau die Grenze zwischen dem oberen und unteren Pannonien. Denn Liudewit, der Fürst des Landes zwischen Sau und Drau wird hier *dux Pannoniae inferioris* genannt.[2]) Um Liudewits Aufstand zu unterdrücken, werden auf verschiedenen Wegen drei Heere ausgesandt; eins davon marschiert durch das obere Pannonien und erleidet dann beim Übergang über die Drau Verluste.[3]) Nach derselben Quelle verwüsten die Bulgaren ungestraft Oberpannonien (!), da sie wegen der Trägheit des Markgrafen Balderich von Friaul haben ungestraft die Drau hinauffahren können.[4]) — Als „der Leiter des unteren Pannonien" wird Liudewit auch in der *vita Hludowici imperatoris anonym.* bezeichnet. — Kennzeichnend dafür, wie wenig eindeutig das Bild ist, das sich aus den Quellen von diesem Sprachgebrauch gewinnen läßt, ist die Tatsache, daß der ungarische Historiker Marczali einmal sagt: „Oberpannonien von der Enns bis zur Drau und Donau" [5]), und ein paar Seiten weiter Priwinas Fürstentum in Unterpannonien liegen läßt.[6])

Politisch bildete das ganze ehemalige Awarengebiet zwischen Enns und Drau eine besondere Markgrafschaft, während das Land zwischen Sau und Drau sowie Karantanien, vielleicht mit Ausschluß seiner nördlich der Drau gelegenen Gebietsteile zunächst dem Markgrafen von Friaul unterstand.[7])

Dem Markgrafen des nördlichen Gebiets unterstellt war ein slawisches Fürstentum[8]), über dessen Gebiet die Meinungen auseinander-

---

[1]) SS. XI, p. 12, 4. [2]) Sch. p. 149, 14. [3]) A. a. O. p. 153, 16.

[4]) A. a. O. p. 174, 17 und 173, 27.

[5]) *A m. n. t.* I, 8, S. 85: ... *felsö Pannoniát pedig az Ennstöl a Drávdig és Dunáig* .....

[6]) A. a. O. S. 89 oben.

[7]) *Annal regni Franc.*, Sch. 1895, p. 169 oben: ad Baldricum (von Friaul) et Geroldum (von der nördlichen Mark) comites et Avarici limitis custodes. Hans Pirchegger, M. I. ö. G. 1912, S. 272—319 macht, wenn auch nicht immer mit zutreffenden Argumenten, wahrscheinlich, daß nur der Teil Karantaniens südlich der Drau zur Mark Friaul gehörte, das Land nördlich davon aber dem sogen. Pannonischen Markgrafen unterstand.

[8]) Mit dem Wort *dux* werden in den Quellen der fränkischen Zeit nicht Herzöge im späteren Sinne bezeichnet, sondern gerade auch Slawenfürsten, die von der Reichsregierung nicht eingesetzt, sondern nur bestätigt sind, während die *comites* zunächst Beamte des Reiches sind. Das Wort *duces* in SS. XI, p. 11, 18 wird nicht zu *Bagoarii*, sondern zu *istos* gehören, wodurch der Sinn des Satzes viel klarer wird: „Nach diesen (Stammes-) Fürsten aber (die nicht von der Regierung eingesetzt wurden) begannen Bayern durch Verleihung der Könige

gehen. Dümmler verlegt es nach Karantanien[1]), Kämmel nach „Unterpannonien“[2]), und Pirchegger wieder nach Karantanien.[3]) Wenn man die Angabe der *CBC.*, die zu bezweifeln nicht der geringste Anlaß vorliegt, unbefangen interpretiert, muß man zu dem Schluß kommen, daß dieser Slawenfürst in beiden Gebieten herrscht. Es heißt nämlich dort: „Während besagte Grafen die Ostmark verwalteten (gemeint sind die Markgrafen Gerold und seine Nachfolger), herrschten einige *duces* in jenen Gegenden, die zu genannter Kirche gehören.[4]) Jene Gegenden aber sind kurz vorher (p. 10, 17) folgendermaßen bezeichnet: „regio Carantanorum et confines eorum occidentali (!) parte Dravi fluminis usque dum Dravus fluit in Danubium.“ Unser Verfasser berücksichtigt nicht, daß die Donau von Waitzen bis zur Draumündung nach Süden fließt, und läßt daher die Drau in nordsüdlicher Richtung fließen. Das zeigt sich auch darin, daß er auf S. 9 die Römer in Unterpannonien auf dem Südufer der Donau wohnen läßt, die in ihr Gebiet eindringenden Hunnen aber in den wüsten Gebieten auf der Nordseite! Solche Orientierungsfehler, besonders beim plötzlichen Umbiegen einer sonst geradlinig verlaufenden Küsten- oder Flußlinie, sind in der Geschichte aller Zeiten anzutreffen, man denke beispielsweise an die um 90° verschobene Orientierung des Polybius in Karthagena, obgleich er selbst dort die Topographie persönlich untersucht hat.[5])

An unserer Stelle ist also die Nordseite der Drau zur Westseite geworden. Die slawischen Unterfürsten beherrschten demnach das Salzburger Gebiet nördlich der Drau sowohl in Karantanien als östlich davon. Hierdurch wird zugleich auch die Vermutung Pircheggers gestützt, die Drau habe schon in Karantanien, wie die kirchliche Grenze zwischen Aquileja und Salzburg, so auch die politische zwischen

---

das Land zur Grafschaft zu haben, mit Namen ....“ Darüber, daß die von der *CBC.* genannten Slawenfürsten nicht nebeneinander, sondern nacheinander herrschten, besteht heute wohl kein Zweifel mehr.

[1]) *A. K. ö. G.* 10. S. 18 f. [2]) *Anfänge* S. 214.

[3]) M. I. Ö. G. 1912, S. 277 und *Gesch. d. Steierm.* S. 96. An dieser Stelle sagt er ganz unklar: (Gerold und seine Nachfolger).... „überwachten wohl die karantanischen Herzöge Pribizlauga .. (usw.), die sicher von der fränkischen Regierung eingesetzt wurden und slawische Fürsten (*comites*) in Unterpannonien nördlich der Drau.“ Jene „*duces*“ wurden nicht von der fränkischen Regierung eingesetzt, da dies ausdrücklich erst von ihren bayrischen Nachfolgern berichtet wird (*CBC.*, p. 11). Wen er aber unter den „slawischen *comites*“ (!) versteht, ist mir ein Rätsel.

[4]) *CBC.*, *SS.* XI, p. 11, 15.

[5]) Vgl. Kahrstädt, *Zwei spanische Topographien;* Nr. 2: *Neu Karthago*, Archäol., Anz. 1912, S. 225—235 und die Bemerkungen Eduard Meyers in: *Untersuchungen zur Gesch. d. 2. punischen Krieges* III, Sitzungsb. d. Preuß. Ak. d. Wiss. zu Berlin 1916, S. 1090, Anm. 2.

Friaul und der nördlichen Markgrafschaft gebildet. Wir finden daher auch später den PABO, einen aus der Reihe der deutschen Grafen, die im westlichen Teil des Gebiets an die Stelle der slawischen Fürsten getreten sind, als Fürsprecher einer Schenkung im Admonttale.[1]) Der pannonische Teil dagegen, der als wüstes Gebiet ohnehin nur als ein wenig wertvolles Anhängsel des Landes erschienen sein mag, wurde in den 40er Jahren dem Priwina zugewiesen.

Im Gebiete des späteren Niederösterreich bis zum Wiener Wald und im Traungau gab es eine besondere, zu Bayern gerechnete Markgrafschaft[2]), die wenigsten in der 2. Hälfte des Jahrhunderts vom sog. pannonischen Markgrafen unabhängig war, da ihr Gebiet nicht zum Reiche Karlmanns und später seines Sohnes Arnulf gehörte, wie aus der Darstellung der Ereignisse des Jahres 883 in der Regensburger Fortsetzung der Fuldaer Annalen hervorgeht.[3]) Von den beiden Grafschaften zwischen Raab, Rabnitz und Donau ist im Text, S. 12 ff. ausführlich die Rede. Seit FELICETTI ist die Ansicht herrschend geworden, daß die Diözesangrenze zwischen Passau und Salzburg und damit angeblich zwischen „Unter- und Oberpannonien" nicht durch die Raab, sondern durch die Rabnitz gebildet wurde. Felicetti stützte sich für diese Behauptung auf die Urkunde B.-M. 1341 vom 18. November 829, die er für echt hielt, obgleich damals schon DÜMMLER[4]) sie als Fälschung erklärt hatte. Unter der *Rapa* dieser Urkunde, die neben den beiden Spratzbächen die Grenze bilden sollte, sei, wie auch in der *Hrapa* der *CBC.* die Répcze (Rabnitz) zu verstehen. JOSEPH LAMPEL versuchte dann nachzuweisen, daß die Bedenken gegen die Urkunde nur auf Änderungen eines Abschreibers zurückzuführen seien.[5]) Er hält daher an der Rabnitzgrenze fest. Das Gleiche glaubt PIRCHEGGER mit Berufung auf Lampel tun zu müssen.[6]) Nach MÜHLBACHERS Urteil sind alle Versuche, den Inhalt der Urkunde als echt nachzuweisen, aussichtslos.[7]) Es können also keine Schlüsse über die Salzburg—Passauer Diözesangrenze daraus gezogen werden. Unerklärlich würde es bleiben, warum die CBC. freiwillig das Salzburger Gebiet auf das Land östlich und südlich der Raab beschränken sollte, wenn es sich bis zur Rabnitz erstreckte. Denn daß man ursprünglich die kleine, zuweilen in Sümpfen sich verlierende Rabnitz für die Raab

---

[1]) B.-M., Nr. 1441 vom 1. Oktober 859 = ZAHN, *Urkb. d. Herzogt. Steierm.*, Graz 1875, S. 10.

[2]) *Ann. Fuld.* Sch. p. 110: terminum regni Baioariorum in orinte.

[3]) A. a. O. p. 112 oben. [4]) A. K. ö. G. 10, 1853, S. 22.

[5]) *Über die Mark Pütten*, Bl. d. V. Lk. v. Niederöst. N. F. 22, 1888, Anhang 2, eine Arbeit, die Mühlbacher treffend als „gutgemeint und phantasievoll" bezeichnet.

[6]) M. I. ö. G., 1912, S. 280 und *Gesch. d. Steierm.* I, S. 97.

[7]) B.-M., S. 564. Vgl. auch die Bemerkungen FRANZ MARTINS im *Salzburger Urkundenb.* II, Salzburg 1916, S. 11.

angesehen habe, ist ausgeschlossen, da bereits im Altertum am Oberlauf der wirklichen Raab beim heutigen Körmend, 20 röm. Meilen südlich von Sabaria auf der Straße von dort nach Pettau die Station *Arrabone* oder *Arravona* erscheint.[1])

Noch schlimmer steht es mit Pircheggers Versuch, aus der Reihenfolge der Salzburger Besitzungen in der großen Urkunde von 860 Schlüsse auf ihre Lage und ihre politische Zugehörigkeit zu ziehen. Dieser Versuch beruht darauf, daß er infolge eines merkwürdigen Versehens eine „Dreiteilung" der aufgezählten Orte in der Urkunde zu erkennen glaubt, welche drei Teile „Ober- und Unterpannonien sowie Karantanien" entsprechen sollen. Die 2. und 3. Reihe sollen dadurch kenntlich gemacht sein, daß sie durch das Wort *item* eingeleitet werden. Nun wird aber in mittelalterlichen Urkunden, wie aus zahlreichen Zeugenreihen u. dgl. hervorgeht, *item* stets dann gesetzt, wenn einer der aufgezählten Namen zum zweiten Male vorkommt. Genau so ist es auch in unserm Falle. Nachdem bereits im Eingang der Urkunde *Peinihhaa* (verschrieben aus *Peinihaha*) genannt war, erhält jetzt die neue *curtis* an diesem Flusse den Vorsatz *item*. Genau so steht es mit der zweiten *curtis „ad Rapam"*. Von einer Dreiteilung kann daher keine Rede sein. Leider ist der letzte Herausgeber der Urkunde[2]) in denselben Fehler verfallen wie Pirchegger, wie dies aus seiner Interpunktion hervorgeht.

Hiermit entfallen denn auch zugleich alle die Folgerungen, die Pirchegger auf den nächsten 5 Seiten aus dieser Einteilung und Reihenfolge ableiten möchte. Falls nicht eine ganz willkürliche Anordnung der Besitzungen vorliegt, ist eher daran zu denken, daß die Reihenfolge durch die Zeit der Schenkung und die Person des Schenkenden bestimmt ist, wie auch die der Aufzählung unmittelbar vorangehende Formel anzudeuten scheint.

Excurs II.

Über einige ungarische Geschichtsquellen.

a) Die Gerhardslegenden.

Eine wichtige Rolle für jede Darstellung der Verhältnisse der Zeit Stephans des Heiligen in Ungarn spielt die Beurteilung der größeren Lebensbeschreibung des heiligen Gerhard[3]), vor allem des 10. Kapitels derselben.[4]) Die älteren Forscher, auch in Deutschland, sahen fast einstimmig in den Erzählungen dieses 10. Kapitels wertvolle Nachrich-

---

[1]) *Geogr. Ravennas* IV, 19, = p. 216, der Berl. Ausg. v. 1860, und *Itiner. Anton.* 261 = p. 122 d. Berl. Ausg. v. 1848.

[2]) Franz Martin im S. U. II, S. 39—40.

[3]) *Endl.* p. 205—235. [4]) A. a. O. p. 214—218.

ten aus dem 11. Jh. und glaubten daraus ein lebendiges Bild, besonders von den Verhältnissen des östlichen Ungarn, gewinnen zu können. Auch Büdinger sagt, obgleich er die späte Entstehung der *vita* richtig erkennt: „Namentlich betrachte ich cap. 1—3, 8—12 (excl.), 15 bis zum Schlusse dem Kerne nach als älteren Ursprungs."[1]) Marczali dagegen betrachtet, abgesehen von Interpolationen, die ganze Legende als alt und wertvoll.[2]) Kaindl, der im übrigen selbst die späte Entstehung der Legende nachzuweisen sucht — Kap. 10 soll gar erst um 1300 eingefügt sein (S. 37) — glaubt dennoch[3]), daß dies Kapitel „durchaus der historischen Wahrheit entspricht" (S. 23), nachdem er es 9 Jahre zuvor zur Grundlage eines großen Teils seiner *Beiträge zur älteren ungarischen Geschichte* gemacht hatte. Friedrich Müller hat dann neuerdings versucht, gerade die historischen Angaben der größeren Legende, darunter auch das 10. Kapitel, als ganz besonders alt und glaubwürdig zu erweisen. Er hält die jetzige Legende für eine Zusammensetzung aus Stücken, die ganz verschiedenen Zeiten entstammen und nur äußerlich mit einander verbunden sind, den späten aus Italien stammenden Eingangskapiteln, den aus Ungarn stammenden, ebensfalls späten Schlußkapiteln, Stellen, die der kleineren Legende entnommen sind, und schließlich Kapiteln einer ganz alten Legende, die noch vor der Heiligsprechung Gerhards von einem seiner Schüler Namens Walter verfaßt worden sein soll.[4]) Gegen diese Konstruktion wandte sich mit vollem Recht Emmerich Madzsar.[5]) Die uns vorliegende Legende ist im wesentlichen als eine Einheit zu betrachten, was schon aus der Wiederkehr derselben Wendungen in den einzelnen Teilen hervorgeht. Daß der Verfasser verschiedenartige Elemente, darunter auch verhältnismäßig zuverlässige, bei der Abfassung verwandt haben kann, soll nicht bestritten werden. Aber gerade das für uns vor allem in Betracht kommende 10. Kapitel muß, wie auch Madzsar betont, als völlig sagenhaft gelten. Wie so häufig in den ungarischen Sagen handelt es sich auch hier in der Hauptsache um die Erklärung von Ortsnamen, nämlich der *urbs Chanadina* nach einem sagenhaften Feldherrn Chanadinus, eine Sage, die auch dem Anonymus bekannt ist, und von *Oroszlános* nach einem Traum des Chanadinus vom Löwen (*oroszlán* = Löwe). Dies wird dann durch andere Sagen, wie den unter anderm aus der Hugdietrichsage bekannten Zug vom abgeschnittenen Kopf, den der Betrüger als Beweis seiner Heldentat mitbringt, dem aber die Zunge fehlt, und mit der

---

[1]) *G. Ö.* I, 425 unten.

[2]) *Ungarns Geschichtsqu. im Zeitalter d. Arpaden*, Deutsche Ausgabe v. 1882, S. 24—33 (Vgl. für Kap. 10 S. 30).

[3]) A. K. ö. G. 91. [4]) Száz. 1913, S. 355 ff. (ung.).

[5]) Száz. 1913, S. 501—507. (ung.)

auf dunklen Erinnerungen an die Vorzeit beruhenden Tradition des St. Georgsklosters in Csanád in Verbindung gebracht. Von einer zeitgenössischen Darstellung kann daher hier nicht die Rede sein.

2. Die Interpolationen der Wiener Bilderchronik.

Die Frage nach dem Verhältnis der ungarischen Chroniken untereinander und zu dem Werke des Simon von Keza scheint nach den Untersuchungen von ALEXANDER DOMANOVSZKY im wesentlichen abgeschlossen zu sein.[1] Kezas Werk ist nach ihm eine verkürzende Bearbeitung der Chroniken, die als historische Quelle ziemlich wertlos ist. Unter den Chroniken selbst ist die Gruppe des *Chronicon Budense* als die ursprünglichere anzusehen.[2] Den ersten Teil dieser Chroniken, der ausführlichere Nachrichten nur bis zur Regierung Belas des Blinden enthält, betrachtet er als ein auf Grund älterer und nicht auf einmal geschriebener Aufzeichnungen entstandenes Werk, das unter Stephan V. verfaßt wurde. Die *Wiener Bilderchronik* dagegen ergänzt diese Chronik durch eine fortlaufende Reihe von Interpolationen, die mit der Sage vom Taucher ZOTHMUND beginnen, später häufiger werden, von der Regierung Kolomans an fast den ganzen Raum der Darstellung einnehmen und inmitten der Regierung Geisas II. abbrechen. Diese Interpolationen nun sind nach Domanovszky die Bruchstücke einer auf „gleichzeitigen Berichten beruhenden Chronik" aus der Zeit Belas III., die „ein viel treueres Bild der Ereignisse des 11. und 12. Jh.s gibt und eine wertvollere Nachrichtenquelle des Zeitalters der Arpaden ist, als die späte Chronik aus der Zeit Stephans V.[3] Auch diese Interpolationenquelle soll durch die Zusammenschmelzung verschiedener Traditionen mit zum Teil entgegengesetzter Tendenz entstanden sein. Ihre Nachrichten seien im wesentlichen als authentisch zu betrachten. — Im ganzen können diese Ergebnisse richtig sein, doch glaube ich ihnen in einigen Punkten nicht ganz zustimmen zu können. Zunächst scheint mir D. den Anteil zu unterschätzen, welchen der Redaktor an der Darstellung haben müßte, der die Verschmelzung der Interpolationenquelle mit jener anderen Quelle vornahm. Es steht zum Beispiel der Ausdruck *phalanges* (auch entstellt zu *flangribus*, *Flandris*, *flagrinibus*) *aulicorum suorum* sowohl in der fast wörtlich den Altaicher Annalen entnommenen Darstellung des Feldzuges von 1044[4]), als in einer Interpolation der Wiener Bilderchronik bei der Darstellung der Feldzüge

---

[1]) Zusammengefaßt in *Ung. Rundsch.* 1, 1912, S. 137—154 u. 771—799.

[2]) Ich habe im Text nach der Ausgabe des *Chron. Dubnicense*, *Flor.* III, p. 1 ff zitiert, weil hier die Varianten der übrigen Chroniken der Gruppe angegeben sind.

[3]) S. *Ung. Rundsch.* 1912, S. 709. [4]) *Flor.* III, p. 55.

Stephans II.[1]) Wenn aber dem Redaktor, der lebhaften Anteil an dem Dargestellten genommen haben muß, ein wesentlicher Anteil an der Form der Darstellung in den Interpolationen zuzuschreiben ist, in der er zum Teil durch seine Hauptquelle beeinflußt wurde, so wird auch wenigstens eine bestimmte Gruppe der Interpolationen ganz auf seine Rechnung zu setzen sein, z. B. die Rede des Salomon vor dem „Kaiser" Heinrich IV. im Jahre 1074[2]) und andere Reden, ferner die Einschaltung der Partien, welche den Ladislaus als einen möglichst frommen Herrscher hinstellen wollen[3]) und übernatürliche Dinge von ihm berichten[4]), oder Entschuldigungen für sein Auftreten Salomon gegenüber bringen[5]), das den späteren Anschauungen von dem „frommen" Könige, der in Wirklichkeit gegen Ende seines Lebens zum Papste in einem feindlichen Verhältnis gestanden hat, zuwiderlief. Daß diese Partien indessen erst nach der Heiligsprechung des Ladislaus im Jahre 1192 verfaßt sein müssen, braucht nicht angenommen zu werden; es ist aber an eine Zeit zu denken, in welcher bereits diejenige Anschauung von dem Könige herrscht, aus der heraus er heilig gesprochen wurde. Domanovszky glaubt aus der Tatsache, daß einerseits in den Interpolationen Koloman vom Hasse des Darstellers verfolgt wird, daß andererseits aber dieser Haß zuweilen etwas zurücktritt, schließen zu können, daß der fertige Grundtext nicht lange darauf mit entgegengesetzter Tendenz umgeschrieben wurde. Ein solcher Schluß scheint mir indessen ungerechtfertigt zu sein. Darin, daß Koloman sich dreimal wenigstens äußerlich mit Almus versöhnt, liegt nichts Löbliches für ihn. Die unmittelbar nach der letzten Versöhnung berichtete Blendung des Almus und seines kleinen Sohnes erscheint dadurch in einem um so grelleren Licht.[6]) Almus aber erscheint nach der Darstellung als berechtigt zu Plänen gegen Koloman und bei der Verstoßung der Russin mußte der Chronist die Partei des Königs ergreifen, wenn er an der Bastardschaft des Boris, an der ihm viel gelegen war[7]), festhalten wollte. Die Einheitlichkeit der Interpolationen ist daher nicht in Frage gestellt und auch die Einordnung in die vorliegende Chronik ist recht geschickt gemacht. Ich möchte daher glauben, daß die Interpolationen das Werk des Redaktors selbst sind, der in der Zeit Geisas II. gelebt haben müßte. Bei der Annahme Domanovszkys, daß die Urform des *Chronicon Budense* erst unter der Regierung Stephans V. auf Grund von älterem Material verfaßt wurde, müßte es merkwürdig bleiben, warum sie gerade nur bis zur Zeit Kolomans bzw. Belas des Blinden reicht und nicht weiter fortgesetzt ist. Ich glaube daher eher,

[1]) *Flor.* II, p. 209 unten.
[2]) *Flor.* II, p. 189.
[3]) *Flor.* II, p. 199.
[4]) *Flor.* II, p. 191.
[5]) *Flor.* II, p. 192 unten, p. 194.
[6]) *Flor.* II, p. 205.
[7]) Vgl. *Flor.* II, p. 214 oben.

daß die Grundform dieser Gruppe schon in den Anfang des 12. Jh.s gehört und im wesentlichen — abgesehen von deutschen Vorlagen, wie den *AA.* — nicht auf schriftlichem Material, sondern auf der Volkstradition beruht. Auf spätere Zeit verweisende Spuren, wie die Tatsache, daß Ladislaus „*sanctus*" genannt wird, wären auf die Rechnung der späteren Fortsetzer und Bearbeiter zu setzen. — Diese Chronik fand dann 2 Fortsetzungen: 1.) Die aus später Zeit stammenden kurzen Angaben über die Regierungsdaten, Kinder usw., die nach dem Aufhören jener Quelle folgen. 2.) Durch den Verfasser der Interpolationen der Bilderchronik, der nicht eigentlich eine Fortsetzung des alten Werkes gab, sondern eine neue Chronik schuf, bei welcher er, ebenso wie es viele deutsche und andere Chronisten taten, für die frühere Zeit das ältere Werk fast wörtlich übernahm und erst spärlich, dann immer reichlicher, auf Grund eigener Kenntnis, die aus der Volkstradition oder schriftlichen Quellen stammen konnte, ergänzte und dann bis auf Bela II. fortsetzte. Später müßte dann das Werk noch einmal mit dem inzwischen fortgesetzten und erweiterten *Chronicon Budense* vereinigt worden sein. Ein anderes Exemplar dieser Interpolationenquelle muß auch noch in den nächsten Jahren nach ihrem Abbrechen in der Wiener Bilderchronik fortgeführt worden sein, aus welchem dann Heinrich von Mugeln seine ihm eigentümlichen Nachrichten für diese Zeit entnommen hat. — Zur Stütze dieser Vermutungen wäre indessen eine eingehendere Untersuchung nötig, als sie hier angestellt werden kann.

Was nun die Glaubwürdigkeit dieser Interpolationen betrifft, so glaube ich einen etwas skeptischeren Standpunkt als Domanovszky einnehmen zu müssen. Das Material, das sie verwenden, ist von durchaus verschiedenem Wert, und gerade da, wo wir mit Hilfe authentischerer Quellen nachkommen können, finden wir, daß die Interpolationenquelle über die Ereignisse zwar keineswegs ununterrichtet ist, sie aber doch zum mindesten in einer stark veränderten Gestalt wiedergibt. — Die Sage vom Taucher Zothmund kann nur auf der Volkstradition beruhen und ist nicht als historisch anzusehen. Der Umstand, daß auch Aventin sie kennt, ist darauf zurückzuführen, daß er, wie schon Steindorff erkannt hat, die Wiener Bilderchronik oder eine verwandte Quelle benutzt hat. Die Versuche, aus den Aventin eigentümlichen Nachrichten eine besondere alte Quelle zu rekonstruieren, müssen als gescheitert angesehen werden. Die Altaicher Annalen aber wissen nicht das geringste davon, denn die ganz andersartigen Ereignisse des Jahres 1051, die D. heranziehen möchte, haben mit Preßburg nichts zu tun. Die Annahme aber, Heinrich III. hätte mit Kriegsschiffen eine Belagerung der auf dem ziemlich unzugänglichen Schloßberg von Preßburg gelegenen Burg von der Flußseite her unternommen, bedeutet einen Anachronismus. Donauschiffe wurden in den Feldzügen jener Zeit stets nur als Transportschiffe verwandt. — Die Unzuverlässigkeit der Interpolationen zeigt sich ferner bei der Aufforderung an Ladislaus I., Führer des 1. Kreuzzuges zu werden, bei dem Feldzug Heinrichs V. vom Jahre 1108, dessen völliger Mißerfolg gänzlich verschwiegen wird, bei der Darstellung der Schlacht an der Olzava gegen die Böhmen und der Schlacht an der Fischa vom Jahre 1146. Überall zeigt sich, daß der Verfasser zwar über die Ereignisse Bescheid weiß, daß er sie aber doch mehr oder weniger stark entstellt. Es liegt kein Grund vor, für die Darstellung der innerungarischen Dinge, für die wir keine Parallelberichte besitzen, ein anderes Verhältnis anzunehmen.

Register.

FSC
www.fsc.org
MIX
Papier | Fördert gute Waldnutzung
FSC® C083411

Kolibri 360 GmbH
Ferdinand-Jühlke-Straße 7
99095 Erfurt, Deutschland
produktsicherheit@kolibri360.de